農家女性の社会学

農の元気は女から

靍　理恵子

コモンズ

装幀●日高眞澄

プロローグ　農家女性への着目から見えてきたもの

1　本書の目的

本書の目的は、農家女性に関する社会的地位の変遷過程を捉えることをとおして、それが農村社会の再編や現代日本の社会変革とどのような関連性をもちつつ現在に至っているのかを、明らかにすることにある。

農家女性の社会的地位というとき、まず思い起こされるのは、家族内での地位と農業経営内での地位であろう。さらに、村落社会内での地位、そして近年では現代社会における地位も考えられる。このように、農家女性の生活そのものの大きな変化のなかで、農家女性の社会的地位が意味する内容も、また大きく変わりつつある。本書では、日本民俗学および農村社会学がたいへん得意としてきたフィールドワークの手法を中心に、農家女性の社会的地位の変遷過程を捉えたい。

これは、農村社会の再編や現代日本社会の変革とどのように関連しているのか、とつながる問いである。農家女性を起点に、農家女性の所属する社会集団・組織、つくり出す社会的ネットワークの実態把握を行いながら、農家女性の社会的地位の変遷と農村社会および現代日本社会の変革との関連性について考えようと思う。

2　研究領域と分析の視点

本書の研究上の位置づけは以下のようになる。

研究領域は、社会学と日本民俗学にまたがる。社会学では、とくに農村や農村家族、農家女性を研究対象としてきた農村社会学、家族社会学などにわたる。したがって、それぞれの学問における先行研究をふまえていることはいうまでもないが、とりわけ意識するのは、次の二つの視点である。

第一は、分析単位としての個人への着目である。個人と社会との相互連関性という視点は、社会学のもっとも基本的なものの一つと言ってよいと思うが、分析の単位をどこにおくかについては意見の分かれるところである。農村社会学において、分析の単位として長らく中心的な位置を占めてきたのは、家とムラであった。それが大きく変化していくのが、一九八〇年代後半からである。

そのころ、日本の村落研究において、村落社会変革の主体としての個人への注目がなされるようになっていく[1]。個人への着目や研究対象の広がり(食・農業・生活・消費者・農業観や人生観・文明論や現代社会批判など)という新たな研究枠組みの提示が、大きなインパクトをもって学会で報告されたのは、日本の村落研究の主たる流れをつくり出してきた学際的研究会である、八九年の日本村落研究学会第三七回大会であった。

この大会では、「共通課題　農村社会編成の論理と展開―転換期の家と農業経営―」において、三つの報告がなされた。なかでも、徳野貞雄の「農業危機における農民・農協の新たな対応」と青木辰司・松村和則の「有機農業運動の地域的展開」が参加者に与えた影響は大きかった。その後、急速に、個人を分析の重要な単位と設定する村落研究が広がっていったように思われる。また、それは、村落研究におけるフェミニズム・パースペクティブの導入と、それに基づく農村女性研究の広がりともつながるものとなった。さらに、個人が主体的に取り結ぶ社会関係を捉える有効な手法として社会的ネットワーク分析が注目され、それを使った研究も行われていく(2)。

こうして、分析単位を個人とし、個人がつくり出す新たな集団・組織、あるいはネットワークなどの実態把握と、それをとおして現代日本の村落社会の展望を描き出す方法は、村落研究の一つの重要なパースペクティブとして認知され、定着してきたと言えよう。

第二は、フェミニズムの視点に拠ることである。六〇年代、アメリカにおける第二次女性解放運動を出発点として、世界各地の社会のあらゆる領域において、形式的平等にとどまらず実質的平等を求める運動が広がっていったことはよく知られている。そして、その運動のなかから女性学が生まれ、さらに既存の学問内部においても根源的な自己変革が生じていった。

社会学においても同様である。田中和子によると、「女性社会学」運動は、「フェミニストの視点からする社会学批判」であり、女性解放運動の問題意識を踏襲する形で、社会学におけるセクシズムを批判するものであった。つまり「女性社会学」運動は、社会学という学問組織における女性研究者に対する差別を告発すると同時に、女性研究者自身の自己認識を促す運動であり、かつ、社会学という学問における女性の「不可視性」(=見えない)を鋭く衝き、またそこに潜在する女性の性役割に関する「自明視された仮説」を顕在化させ、再吟味する試みであった(3)。

こうした視点は、農村社会学においては九〇年代に入り、ようやく顕在化する。それを象徴するのが、九四年の日本村落研究学会第四二回大会であった。その内容は、熊谷苑子が座長を務めたテーマセッション「農業と女性――労働と意識の変化をめぐって――」と、その成果をまとめた『年報　村落社会研究』第三一集に明らかである。

家族社会学においては、七〇年代後半からの取り組みがあるものの、主としてその対象は都市の非農家の女性であり、農家女性を対象とする研究はたいへん遅れた。ようやく始まるのは、農村社会学とほぼ同じ九〇年代になってからである。日本民俗学においては、九〇年代後半からごく一部の研究者の間でなされているにとどまり、その方法論上の必要性はいまだにほとんど認識されていない(4)。

このように、九〇年代前半まで農家女性に関する研究は、フェミニズムとはほとんど無縁のところでなされてきた。そのため、農村社会において女性が「不可視の存在」であることの指摘や、なぜ、そもそもそうなのかという問いは、ほとんど立てられずにいた。実際、研究者にとって、農家女性を「不可視の存在」と認知すること自体、フェミニズムの視点に立つことで初めて可能になったのである。フェミニズムの視点導入から、まだ一〇年ほどしか経過してはいないが、いまや現代日本社会において、農村、農業、農家女性、都市と農村などについて研究しようとするとき、フェミニズムの視点ぬきにはほとんど何も見えない、と言っても過言ではなかろう。

3　本書の構成

本書は、前述の二つの視点に立ち、二部構成で全八章より成る。

第Ⅰ部「農家女性が経済力をもつことの影響」は、第1章から第5章より成る。ここでは、戦後の生活改善運動など農村生活の近代化・民主化運動の流れのなかで、朝市や直売所などがつくられ、新たな流通の場を得た農家女性たちが、個人の財布を獲得することをとおして、経済的自立・精神的自立を獲得してきた過程を捉える。そして、経済力の獲得が、当事者・家族・地域社会にどのような影響を及ぼしていくのかが明らかになる。なお、本書では、「経済力をもつこと」を自分の自由に使えるお金を何らかの形で有していることと捉え、その金額が自活できるものであるか否かは問わない。なぜなら、自由に使えるお金をまったく有していなかった農家女性が、一カ月数万円の収入を得ることで劇的に変化していくからである。

第1章では、従来の農村社会学では「不可視の存在」であった農家女性が、フェミニズムの視点に立つことで「可視的な存在」として浮かび上がることにまず注目する。そして、現在の農村における女性労働の位置づけを明らかにするために、長崎県壱岐《いき》島の農家女性たちが運営する朝市の事例をとおして、女性たちが「自分の財布」を持つことで、当事者・家族・地域社会に与えた影響を捉える。なお、本章のもとになった論文は一九九七年の執筆で、調査はそれ以前のものである。本書の問題意識の出発点となっている。

第2章では、アンペイド・ワークをキーワードに、農家女性の家庭菜園へのかかわり方の変化を捉える。高度経済成長期以前、農家女性は「無償労働組織としての家」のなかで家庭菜園の管理者という役割を帯びていたこと、兼業化の進行によるさまざまな変化のなかで家庭菜園の意味づけも変わり、農家女性の役割も変化していることを見る。農家女性は、家族従業者の一人として農業経営や農家経営に多大な貢献をしながらも、その労働に対する評価は適切ではなく、アンペイド・ワークと捉えられる場合も多かった。また、家庭菜園は農家生活の自給部分を支える重要な場であるが、それゆえに、家事の延長と捉えられてもきたのである。そのため、その管理はもっぱら炊事を担当する農家女性や高齢者たち、つまり農業経営や家経営において周辺に位置づけられる家成員（家族の構成員）たちに任されてきた。

しかし、第1章で見たように一九八〇年代後半ごろから急速に広がった野菜の無人市や直売所などの場を得ることで、家庭菜園でのアンペイド・ワークが一転してペイド・ワークとなる可能性が生じた。これは、農家女性や高齢者に「自分の財布」を与える一方で、ペイド・ワークとして自家の農業経営の一部に組み込まれる可能性を生み出す。さらに、その担い手に男性の参入が見られるようになるなど、ペイド・ワーク／アンペイド・ワークのどちらにカテゴライズされるかで、労働の中身や意味が大きく変化することを示す。

第3章では、日本民俗学における女性労働研究の問題点を整理したうえで、壱岐島でのフィールドワークに基づき、聞き取りと地元新聞記事などのデータから、戦後約五〇年の農家女性の労働をめぐる、家やムラにおける地位の変遷過程を明らかにする。その変遷の姿は、「テマ（単なる労働力）」から「労働の主体」への変化として浮かび上がってくる。

第4章では、農家女性の活動が村落運営のなかでの重要性を増すにつれ、村落運営において男性と同等のパートナーシップを築きつつあるムラ（岡山県苫田《とまた》郡奥津《おくつ》町長藤地区）の事例を取り上げる。とくに、第1章では十分にふれられなかった、地域社会への影響を中心に考察する。農家女性の農産物生産・加工・販売の取り組みや、農家男性の集落営農の取り組みが、ムラの生業を新たに創出し、社会的連帯の形成・維持・強化につながり、ムラが再編成されている様子が浮かび上がる。高齢化が深化するなかにあって、男女が協力し合って都市と農村の交流などの事業を行っている。

この集落は、戦前からの安定兼業の歴史をもつため、農家女性が自家の農業経営の中心に位置づけられていたという特徴ももつ。一見、例外的な事例のようであるが、経営における決定権の有無が家族内や地域社会内での地位と深く関連していることを裏づけていると思われる。

第5章では、六〇年代に結婚し、農家の嫁となったひとりの女性が、社会的・経済的力をもつにしたがい役割に変化が生じ、かつてはほとんど意識されなかった「私」という個人役割の意識化が進む状況を見る。第3章で、戦後の農家女性が「テマ」から「労働の主体」へと自己のアイデンティティを大きく転換させてきたことを見た。それと重なるが、私という個人役割の発見に焦点を当てる。

また、舅《しゅうと》・姑《しゅうとめ》・夫に仕えることを基本的な態度と期待された農家の「嫁」役割を、戦後の農家女性たちはどのようにして変化させていったのか。農家女性が自家の農業経営や農家経営の「周辺」に位置づけられてきたことを、自分自身ではどのように認識しつつ生きてきたのか。一九四一（昭和一六）年生まれの彼女のライフヒストリーをとおして、六〇年代後半から二〇〇〇年（調査実施時）までの三十数年間、農家女性として自己や家族、外界に対してどのような意識をもち、暮らしてきたのかを明らかにする。

第Ⅱ部「農村と個人の相互連関性」は、第6章から第8章より成る。ここでは、農業の衰退・過疎化・少子化・高齢化など農村社会を取りまく厳しい状況のなか、農村社会内部から再編成が求められてきたこと、その社会再編の担い手として、従来は周辺に位置づけられた人びと（定年帰農者・女性・高齢者など）への期待が高まり、彼らの活躍の場が広がっていることをとおして、農村社会の変化と個人の変化の相互連関性を見る。

第6章では、中途就農者・定年退職後の帰農者や中高年の女性など、従来の農村社会においては「異質性の高い個人」とみなされてきた人びとが、近年、農村社会における新たなリーダーとして活躍していることを、岡山県加《か》賀《が》郡吉備《きび》中央町（旧 上房《じょうぼう》郡賀陽《かよう》町）の事例をとおして捉える。家格・男性・地付きの者といった属性とは大きく異なる属性を帯びた個人が活躍する余地が現在の農村社会に存在し、農村社会の再編が進行していることに注目する。

第7章では、食と農をつなぎ、地域をつくっていくとは、食と農にかかわる人と人をつなぎ、相互作用を生み出し、何らかの社会関係を構築することであり、社会を根底からつくり替えることでもある、という視点に立つ。近年、全国各地で広がっている農村女性の活動は、女性たちの暮らす地域社会を大きく変えるとともに、都市の暮らしにも影響を与え、ひとつの大きな社会変革の可能性を有するのである。

第8章では、八〇年代から現在まで展開されてきている農家女性たちの活動事例をとおして、農家女性が家やムラに支配的な社会規範をどう操作しながら、家やムラとの緊張関係を乗り越え、エンパワーメントしてきたかを捉える。

最後に、エピローグとして、全体の議論を振り返り、明らかになったこと、残された課題や今後の展望などを整理する。そして、今後、農家女性たちの取り組みが現在進行しつつある食と農のグローバル化へのオールタナティブな実践としての可能性をもつことを述べる。

(1) この視点は、すでに一九六八年の中野卓の論文に見られる(中野卓「大正期前後にわたる漁村社会の構造変化とその推進力―北大呑村鰤網試論―」村落社会研究会編『村落社会研究』第四集、塙書房、一九六八年)。しかし、そこでなされた個人への着目は、村落社会学者の間では広がりをもたなかった。それはなぜかを明らかにすることは、知識社会学的研究として興味深いテーマであると考えるが、ここでは、これ以上ふれる用意がない。

(2) たとえば、秋津元輝『農業生活とネットワーク―つきあいの視点から―』(御茶の水書房、一九九八年)、原(福與)珠里「新規参入者のネットワーク構造―雑誌『百姓天国』投稿者に対する調査結果から―」(『農村生活研究』第四三巻第二号、一九九九年)など。

(3) 田中和子「I総論　女性社会学の成立と現状」女性社会学研究会編『女性社会学をめざして』垣内出版、一九八一年。

(4) 靍理恵子「女性の視点とは何か―民俗学の先行研究をふまえて―」女性民俗学研究会編『女性と経験―特集　五〇〇回記念例会　明日へ向かって原点回帰―』二五号、二〇〇〇年。

第Ⅰ部

農家女性が経済力をもつことの影響

家庭菜園の延長で運営される野菜の無人市（長崎県壱岐市）

第1章 農家女性が「自分の財布」を持つ意味

1 本章の視点と方法

農家女性に関する研究は一九八〇年代ごろまで、フェミニズムとほとんど無縁のところでなされてきた。そのため、農村社会や農家における女性の「不可視性」の指摘や、その理由を問うことが重要な研究テーマのひとつであるという認識は、存在していない(1)。

たとえば、九〇年ごろまでの私自身の調査経験を振り返ってみても、都道府県の農業改良普及所・農協・役場などの関連諸機関の担当者、農家など、およそ農村調査において情報提供者として訪ねる先のほとんどは、男性であった。農家の経営内容や農村社会の歴史的経過や社会的諸条件などを質問する際も、答えてくれるのはほとんど男性であった。実際には、農村には半分以上女性がいたし、各農家の経営においても重要な働き手として存在してきたにもかかわらず、女性の姿は「不可視」であり、そのことへの研究者の気づきも弱かったのである。八〇年代後半から、女性史、村落社会学、日本民俗学など農家女性を研究対象としてきた学問領域で、フェミニズムの視点からの問い直しが始まる(2)。本章は、そうした研究動向のなかに位置する。

戦前から戦後、そして現在に至るまで、農家女性たちは、家業である農業に従事しているにもかかわらず、二重の意味で「不可視の存在」であった(3)。

一つは、個々人の労働に対する報酬の不明瞭さという点において。これは、家族経営が内包する構造上の問題からくるものであった。家族員全体の労働の成果として、それなりの金銭的報酬は得られても、その報酬は家族員全員で獲得したものであり、「家計＝家の財布」に入る。したがって、家族経営協定の形態でもとらないかぎり、個々人の労働に対する評価は不明瞭なままである。この不明瞭さは、家族経営に起因する構造上の問題であるから、女性だけでなく男性にも等しく及ぶ。しかし、男性の場合、世代交替により農業経営の中心に位置するようになると、「家計＝家の財布」の決定権を有するようになる。それは、場合によっては、「家の財布」をあたかもその男性「個人の財布」であるかのように使うことも可能にする。

では、女性の場合はどうだろうか。女性にとっての世代交替は、単に家の財布の紐を握る人が、親世代から自分の夫に変わっただけで、男性同様に「個人の財布」であるかのような決定権を有することにはつながらない。ここに、ジェンダーに基づく決定的な違いがある。

もう一つは、男尊女卑の強固な社会通念(男が主／女は従、または男が主／女はその補助)が支配的である農村社会において、夫は公的な領域、妻は私的な領域をそれぞれの居場所とする「棲み分け」がなされていること、また、男女が同一の場所にいる場合は、「男が前面に出て、女は後ろに下がって」ということが一般的だとみなす風潮がある、という点において。

妻は、あくまでも夫の補助的な存在と見なされる。夫が農外就労に従事し、妻が農業専従者の場合、「カアチャン農業」と言われ、「正式な(あるいは一人前の)農業者」とは見なされてこなかった。女性自身もそのことを受容したアイデンティティ形成をしており、さまざまな場面において、夫の後ろに隠れがちである。ふだんの農作業は女性が行っているにもかかわらず、農協が主催する集落ごとの営農座談会の出席者のほとんどが男性であることは、

図１　壱岐島の位置と壱岐市の４町

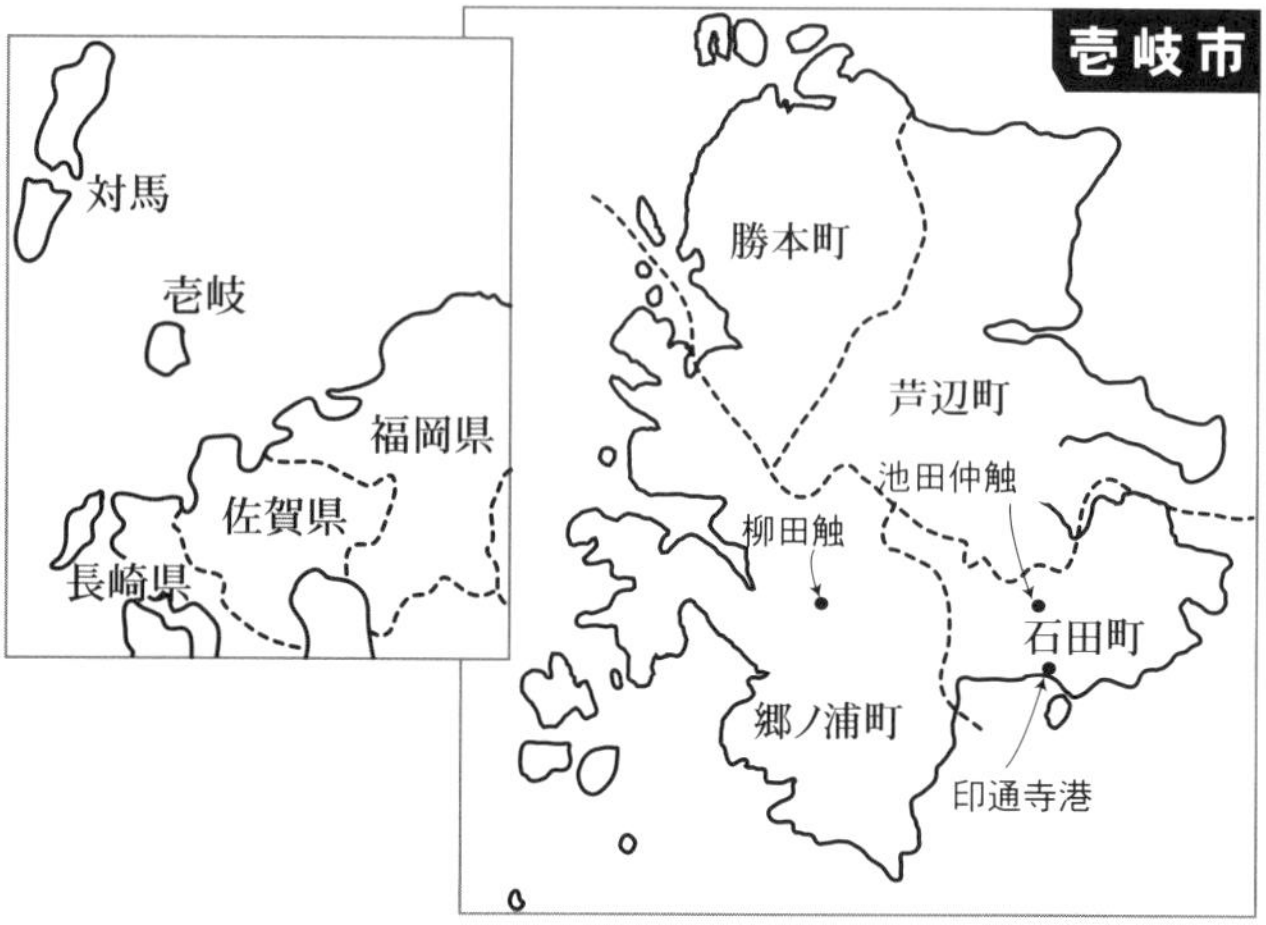

それを端的に示す例である。

　このような「農家女性の不可視性」は、つい最近まで、ほとんど変わらず存在していた。しかし、近年、農家女性たちを「可視的な存在」に転換させる場が、農村を含む地域社会に生起してきた(4)。

　本章で取り上げる、おもに女性たちだけで開催・運営されている朝市や無人の販売市は、そうした場の典型例である。彼女たちは、こうした場で、自己の労働の成果としての農産物や加工品の販売をすることで、一定の現金を自らの手にする。その結果として、「自分の財布を持つ」ようになったのである。従来、自己の労働に対する明確な評価をほとんど受けてこなかった女性たちにとって、これは画期的な経験であった(5)。また、朝市の担い手が女性だけの集団であり、家の代表者ではなく「個人参加」であるため、自己決定・自己責任といった、これまで不慣れ・未経験であったことを次々に経験し、積み重ね、「ひとりで」歩き出しつつある。

　本章は、長崎県壱岐市（旧壱岐郡石田町・郷《ごう》ノ浦《うら》町、図１参照）の二つの市、島内各地に広がる無人市、それぞれの担い手たちへの聞き取り調査に基づいている(6)。「市に参加する」という社会的行為とその行為の帰結としての「自分の財布を持つ」という体験が、行為主体・その家族・当該地域社会にどのような影響を与えているかを明らかにする(7)。そして、農村という地域社会において、農家女性たちの置かれている現状と今後の展望をさぐりたい。

表1　3つの市の概要

	郷ノ浦町のふれあい市部会	石田町のふれあい朝市	島内各地の無人市
開始時期	1985年〜	1992年〜	1985年ごろ〜
組織母体	農協婦人部	石田町各種婦人部	集落の地域婦人部、農事組合
人数	24名	12名	不明
開催頻度	週に2回	週に1回	毎日
品物	家庭菜園の野菜、規格外の野菜、仏様用の花、農産加工品	家庭菜園の野菜、規格外の野菜、仏様用の花、農産加工品	家庭菜園の野菜、規格外の野菜、仏様用の花、農産加工品
担い手	農家女性	農家女性	農家女性
家業経営内での役割	農業専従	農業専従	農業専従
個人の財布	無 → 有	無 → 有	無 → 有
お金の使途	本人の自由	本人の自由	本人の自由
客層	島内全域	石田町印通寺周辺	自動車で通過する人びと

（注）野菜は、ホウレンソウ・小松菜などの葉物類、ジャガイモ・大根などの根菜類など種類豊富で、旬のものである。
（出典）聞き取り調査により作成。

2　調査の概要

（1）調査対象と調査時期

調査対象は、壱岐郡で開かれている三つの市である。これらの市は、表1に示すとおり、開始時期、組織母体、参加人数、客層などが異なる点もあるものの、共通点も多い。たとえば、①担い手が農家女性であり、市で売られている品物が「従来は金にならなかったもの（家庭菜園の野菜など）」で、品物を生み出しているおもな場が「従来は交換価値を生まなかった家庭菜園」である、②売上金使途の決定権は労働の主体である農家女性にある、などだ。

一九九四年一〇月と九六年七月の二回、現地で聞き取り調査と市の見学をし、九六年八月以降は電話での補足調査を行った。話者は、市の担い手の女性たちと、壱岐郡農協（現在は壱岐市農協）職員である。

表2　ふれあい市部会結成までの経過

1965年ごろ	農協婦人部で食生活改善運動が開始。 ↓ ＊兼業化の進行、消費生活の浸透による家庭菜園の切り捨て、放置。 ↓
1970年代なかば〜	既存の食生活改善運動に乗る形で、家庭菜園の復活運動(農協婦人部の活動の一環)。 ↓ ＊自家消費では消費しきれない野菜の問題(野菜栽培技術の向上)。 ↓
1985年	ふれあい市部会の結成。 余剰分の処理方法の変化：金銭化しない→金銭化する(市で売る)。

（出典）聞き取り調査により作成。

（2）郷ノ浦町のふれあい市

部会結成の経過

農協婦人部の食生活改善運動事業のひとつとして八五年から始まり、現在に至る。島内二〇〇〇人ほどの農協婦人部員を対象に、「ふれあい市」部会への参加希望者を募り、三四名でスタートした。表2は、部会結成までの経過を大まかに整理したものである。

高度経済成長以前、農家においては、食生活は自給自足が基本であった。自家消費用の野菜は「自家調達があたりまえ」である。しかし、兼業化の進行と消費生活の浸透により、家庭菜園の放置や切り捨てが進行し、もはや野菜の自家調達は「自明のこと」ではなくなった。こうした傾向に対して、一九六五年ごろから続いてきた農協婦人部の食生活改善運動の流れに乗る形で、七〇年代なかばに、「家族員の健康な食生活のため、自家で野菜をたくさん作って、ふんだんに野菜を食べましょう」という趣旨の家庭菜園の復活運動が始まる。インスタント食品・添加物の問題などへの反省も広がっていく。

これは農協婦人部の活動の一環として位置づけられ、家庭の食生活の責任者としての女性が自覚的に家庭菜園の運営を行うことを求めた。農協の営農指導員が野菜の作り方講習会の講師を務め、また、優良家庭菜園の圃場を見学するなど、農家女性の運動はかなりの広がりと定着をみせた。その結果、「野菜作りの腕が上がりすぎて」自家消費分以上に野菜が採れるようになり、余った野菜をどうするかというぜいたくな悩みが浮上してきたのである。それを解消する方法として、ふれあい市部会の結成による市での販売が部会員や事務局の農協側から発案され、具体化していった。ヒントは、古くから続いてきた農家女性のアキナイ（行商のこと）であったと言われている。[10] 実際、ふれあい市部会の部会員の数名はアキナイ経験者であった。

ここで、農協および農家の側に大きな発想の転換が起こったことに注目しておきたい。従来、農家の側にも農協の側にも、「家庭菜園の野菜は金銭化しないもの」という思い込みがあった。それから自由になり、「金銭化できるもの」という考え方への転換である。農協の農産園芸課課長で、発足当時からの事情に詳しい男性は、こう話した。

「家庭菜園で生産するかぎりは、大きな産地にはならない。また、市場の規格をパスすることも困難。だから、市場に出荷するという従来の流通形態では無理。では、どうするかと考えたとき、そのころブームになってきた減農薬や無農薬、有機栽培に近いものというような、ある付加価値をもったものとしてなら、売り出せるんじゃないかと思った。消費者と対面販売する場をつくり出すことで、道が開けると思った。それが、ふれあい市だった」

こうして、食生活の改善から出発した運動は、余剰分を金銭化する場の創出により、新たに、「農家婦人の小遣い稼ぎ、または家計補助」という目的を付加することになったのである。[11] 従来、家庭菜園の維持管理は、家事労働の延長として、女性や高齢者たちの仕事とされてきた。だが、余剰自給野菜の朝市などでの換金化が恒常化することで、家庭菜園の意味づけにも変化が起きている。その詳細は第２章で述べる。

壱岐郡農協（当時）前でのふれあい市

部会の販売実績と課題

九六年七月現在では、メンバーは二四名。年齢構成は、四〇～七〇歳代で、五〇歳代がもっとも多い。また、家族内の地位が姑である人が多い。市は、週に二回（水曜と土曜、日の出から午後四時ごろまで）、壱岐郡農協（当時）の玄関先で開かれている。常設の建物はない。事務の一切は郡農協農産園芸課が担当し、部会員は「いいものを作って、売ること」に専念できるという恵まれた環境にある。[12]

部会の販売実績は毎年、着実に伸びてきている。九五年度分（九五年三月から九六年二月）は、部会員数が二七名、開催回数は土曜市五二回、水曜市五二回、その他（日曜朝市、木曜夕市）だ。一回の市における会員一人あたり平均売上金額は、約八八〇〇円、一年間の平均売上金額は約九五万四〇〇〇円である。[13] 農協側も部会員も「目標一〇〇万円」が意識されており、それは適切な競争意識を生み出す源となってきた。

ただし、毎年メンバーを募集してきたが、新規加入者はほとんどおらず、大半はスタート時からだ。メンバーの流動性はきわめて低い。そのため、高齢化と人数の漸減が進んでおり、将来の継続的な発展性という面では大きな不安をかかえている。

(3)石田町のふれあい朝市

結成までの経過と現在の様子

朝市の代表者は、発案者でもある長岡妃美子《きみこ》さんである(八六〜八七ページ参照)。長岡さんは、農協婦人部で本部三役(営農・生活・農協)の正・副部長を一八年間務めるなど、活発な活動を続けてきた。一切の役を退いてから五年になるが、現在も婦人部員の実質的なリーダーとして、壱岐島内ではカリスマ的存在である(本章の以下を含めて九七年当時)。石田町のふれあい朝市は、石田町内各地に点々と広がる無人市を一カ所に統合することを目的に、九二年に発足した。以来、毎週日曜日、日の出直前から午前九時ごろまで、印通寺《いんどうじ》港のすぐ近くの空き地で開催してきた。

長岡さんが無人市から朝市への移行を思いついた理由は、三つある。第一は、無人市での売上金回収率の悪さが問題になっていたこと。第二は、郷ノ浦町や芦辺《あしべ》町へ流れる買い物客を少しでも石田町に向けて、町を賑やかにしたいこと。第三は、触《ふれ》(集落)単位でやっている小規模な無人市を集めて規模を大きくすれば、量も種類も豊富になり、お客が増やせること。

朝市開催グループの結成に際しては、農協婦人部、漁協婦人部、観光協会婦人部、商工会婦人部の四つの団体が主体となり、石田町内の婦人会全部で動く形をとった。四団体の連名で、朝市のPRをしたりチラシを発行したりしてきたのだ。最初は約二〇名が集まったが、九六年一〇月の段階では一二名が参加している。準備段階では、商工会の強力な応援があった。先進地への視察の計画・実行、朝市推進協議会の組織づくり、ほぼ週に一回の会議などである。発足後は、商工会、農協、町役場などの応援はとくに見られない。長岡さんをリーダーに、メンバーのみで運営している。

研究会の盛り上がりと衰退

農業改良普及所の指導員（「先生」と呼ばれている）を講師に、毎月一回、朝市研究グループとして研究会を実施してきた。内容は、各自が朝市に出す品物についての勉強会、朝市の運営方法の検討、野菜生産や農産物加工技術の勉強や実習など、多岐にわたっている。長岡さんは、次のように語った。

「自分たちメンバーだけだと、どんぐりの背比べで、なかなか伸びない。先生が見てくれると、やはり違う。先生は熱心に面倒をみてくれてた。先生のほうから積極的に、『この次は、これをしよう』と言って、計画をどんどん立てて、進めてくれた。メンバーは、それを頼りに先生についていくような形。先生は頻繁にメンバーにはっぱをかけたり、町役場にも顔を出して朝市への応援を頼んでくれたりしていた。私たちが役場に言うより、先生が言うほうが、通りがいい。すぐに対応してくれるし、予算も組んでもらえる。先生は私たちといっしょに、現場を走り回ってくれていた。その先生が九六年四月の人事異動で島外へ転勤になって以来、研究会は行っていないし、朝市も元気がなくなっている。先生に引っ張ってもらっていたんだなあと思う。せっかく盛り上がってきていても、人が変わるとストンと落ちることもある。私たちの朝市がいい例」

郷ノ浦町のふれあい市と比較すると、組織面での弱さや消費者の規模の違いなどが大きく影響し、さまざまな課題をかかえており、試行錯誤の段階と言える。

（4）島内各地の無人市

無人市に関して、役場や農協などはほとんどノータッチだ。島内全体での市の数・売上金額・構成メンバーの人数や氏名、年齢など、まったく把握されていない。いつごろ、どのようにして始まり、広がったのかについても、まとまった公的な資料はない。聞き取り調査を進めるなかで、壱岐島内の無人市は現在三〇以上はあるだろうということ、何らかの組織や団体の関与やバックアップはほとんどなく、集落全体または集落内の少数の人間が集まって自然発生的にできたものであることがわかってきた。そして、「島で最初に始めた（と周囲から認識されている）人」と、「島内に広めた（と周囲から認識されている）人」の二人の存在が明らかになる。前者は郷ノ浦町柳田触在住の山内アイ子さん（八八～八九ページ、第5章参照）、後者は長岡妃美子さんである。

まず、山内アイ子さんの語りをもとに、彼女が中心となって始まった郷ノ浦町柳田触の無人市を紹介しよう。

壱岐島内各地に広がった野菜の無人販売所（郷ノ浦町内）

無人市を始めたきっかけ

アイ子さんは一九八四年か八五年ごろ、国道三八二号線の交差点に初めて無人市をつくった。このあたりは開田（山林を切り開いて水田にすること）で田を増やしたところだが、転作で田んぼを全部はつくれなくなる。そこで、田んぼを空けて転作奨励金をもらう一方で、野菜を作ろうと思うようになった。無人市を始める前は野菜のアキナイ[14]をし、マチの知り合いや食堂などを回って売っていたが、なかなか大変だったという。

無人市という販売形態のアイディアは、同じ集落の藤川誠さん（仮名）から教えてもらった。藤川さんはタクシーや観光バスの運転手をしていて、出張先の宮崎県で無人市を偶然目にし、

「これはいいねぇ」と思って、帰って来たそうだ。そのころ、アイ子さんは集落の婦人部役員をしていて、野菜の売り先や売り方を思案中だったので、「やってみんか」と教えてもらった。そこで、渡りに船とばかりに、このアイディアに飛びついたというのが、無人市の発生の正確な事情である。

農家の組織として、各集落ごとに実行組合がある。女性だけでは動きにくいこともあるかもしれないと考え、ダンナ(家の主人)を交えた組織にし、また、有志(希望者)だけにすると多くの参加は期待できないかもしれないと思い、集落の人は全員登録というように半強制的にした。登録者は三一人で、実際には一八人で出発し、現在は九人になっている。減少の理由は、高齢化、病気、孫の守り(若い嫁は勤めに出るため)などだ。

回収率と効果

柳田触には無人市が三「店舗」ある。名前はとくについていない。会員の間では、場所の名前で呼び分けている。平均では八～九割の「回収率」(売れた品物数に対して、入っていたお金の割合)を維持してきた。今年はとくによく、ずっと九割が続いている。柳田触は農家ばかりの集落だが、国道沿いにあり、マチに近いなど、立地条件もよい。回収率が一〇〇%でないのはとても嫌なことで、無人市をやっている人たちはみんな同じ気持ちだろうと言う。

「きれいな着物を着ている人に、ただで盗られるというのは、とても悔しい。こっちは汚れて、日に焼けて、真っ黒になって作りようるとに……。番をしたこともある。怪しかねぇと思っているだけでは文句を言えないから、現行犯で捕まえないと。現場をおさえても、ああだ、こうだ、と言い逃れさす人もおらす。ほんに頭にくる。でも、短気起こしてやめても、ばからしいし」(アイ子さん)

そして、アイ子さんは無人市を始めたころのことを、こう話した。

「当時(八四、八五年ごろ)、農家のダンナはほとんど外へ勤めに行き、奥さんが農作業をしている、という農家が多くなっていた。それでも、最初は財布は一つで、封建的だったとよ。小遣い、旅行、子どものものなど、何をするにも、いちいちシュウトサン（舅・姑のこと）におうかがいをたてなできん。自分の自由になるお金ちゅうのが、農家のお嫁さんにはなかとだけん」

それが、無人市を始めてから、大きく変わった。

「無人市を始めてから、毎年、お正月には新年会ということで、湯ノ本の温泉に行っている。また、年に一回、六月には田植えさなぶりとして旅行をし、その時期に行けない年は秋に行っている。会員の高齢化が進んで、ホンケのワカテ（家を継いで同居している子ども夫婦）から『ばあちゃん、おやめな』と言われている人もある。でも、ばあちゃんは『（無人市を）やめたら、（温泉や旅行に）行かれんごとなる』と言って、続けている。いまの時代は自分が働いた分を『おくれな』と言えるけど、何もせんで遊ぶ金はもらいにっか、もらえん。無人市は現金渡しになっている。何に使うかは、みんな自由にしている」

無人市に取り組んだ動機

次に、石田町池田仲触で無人市を始め、その実践を農協婦人部の発表会などを通じて宣伝し、島内各地に広がるきっかけをつくった長岡妃美子さんの語りを紹介しよう。

「厳しい農村の状況があると。農家の奥さんたちには決まった小遣いのなかけん、昔からいろいろな面で不自由な思いをしてきたと。それから、農家のおかあさんたち（主婦たち）、とくに若い人たちが、自分とこで食べる野菜を作らんようになったちゅうこともある。勤め帰りにストアに立ち寄って、野菜を買うて帰る。『自分で作るより、買うたほうが安か』ちゅうて。ほかにも、市場出荷用に一生懸命作っても、値段が安かったりする。規格外（の野菜）は金にならん、という厳しか現実のあると。そんなかで、野菜作りにやる気をなくしてしもうた人もあったと。

それで、売る場があったら野菜ば作るんじゃないか、小遣い稼ぎにもなるし、と考えたのが、取り組む動機だったとよ」

そして、すでに無人市をやっていた郷ノ浦町柳田触へ見学に行き、自分たちの池田仲触でも早速やることに決めた。最初に始めたのは、婦人部全員(約二〇戸)。売上金の回収率はほぼ一〇〇%で、売上金額も多かったという。八五年ごろのことだ。この事例を島内一二旧町村が集まる壱岐郡農協の大会で発表したり、その他いろいろな機会に発表して、野菜作りと無人市での販売の必要性や重要性を言ってまわった。結果、あっという間に広まって、いまのようにたくさんできたという。

「私たちの集落だけでなく、こんなに広がったのは、家事をしながら農家の奥さんたちが『少しでも農業収益の足しにしよう、自分の小遣いも』と思い、頑張ってきた成果だと思う」

そして、長岡さんは変化を感じている様子だ。

「野菜作りにやる気が出てきたし、朝採りの習慣や、朝起きてすぐ野菜畑へ行く習慣もついてきた。みんなキモイリだした(肝いり=一生懸命になり始めること)」

3　市の影響

(1) 財布を持った喜び

三つの市のメンバーたちには、「市の会員になるまで、自分の財布がなかった」と言う人がかなりを占めた。彼女たちの家族構成や農業経営の形態には、共通した傾向が見られる。それは、二世代夫婦同居の専業農家で家の財布が一つであるか、二世代夫婦同居の兼業農家（夫は農外就労）で家の財布は農業収入と夫の給料の二つという形である。これは、農家経営内の兼業化がさほど進行しておらず、財布の数も一つないし二つという少数にとどまっていることを示している。こうした状況下の農家女性たちは、お金が必要なとき、財布の紐を握っている人にいちいちおうかがいを立てて出してもらわねばならない不自由さを味わってきた。どうしても必要だと誰もが納得するものにしかお金を出してもらえなかったり、わずかなお金も自分の自由にならないという歯がゆさも経験している。

こうした経験をもつ女性たちとは対照的に、メンバーのなかには、「あたしは市の前から自分の財布を持っとったよ」と言う女性もいた。二世代夫婦同居の兼業農家で、夫婦ともに農外就労、または夫は農外就労で妻はアキナイをしてきたという就業形態だ。しかし、これは稀なケースである。

「自分の財布がなかった」と言う人も、シャクシ（杓子）を譲られる（＝家計を譲られる）ことで、自分の自由になるお金がないという不自由さがかなり軽減されていく。そして、シャクシを譲られた「主婦」たちが市に参加して自分の財布を持つことで、不自由さは一挙に解消される。その劇的な変化に彼女たちは驚き、喜んだ。そのためか、その記憶は非常に鮮明である。ある女性は、「ふれあい（市部会）に入って、生まれて初めて自分名義の通帳をつくったことがうれしかった。ほんなこつ、うれしかったとよ」と、語り始め、さらに、こう話してくれた。

「自分のを持ってたら、自分のいいように使える。いいようにちゅうても、小さか金額のをごじゃごじゃ買うのに使うとやけど。あたしの家はタバコがほんなこと（本業）。そのあいなか、あいなかに作ったものを、ここに持ってきて売りようるとよ」

（2）市によって起こった変化

図2は、現在の壱岐島において、農家女性が自分の財布を持つ四つの方法を示したものである。本章の事例の女

図2　農家女性が自分の財布を持つ方法

- 農業内就労
  - 家業経営からの収入の再分配
    （部門・圃場別、月給制など家族員で何らかの協定）
  - 金銭化してこなかった部分の金銭化
    （本章の3つの事例）
- 農業外就労
  - 恒常的勤務
    （縫製工場など、農業者でなくなる可能性大）
  - 臨時
    （縫製工場、民宿の手伝い、土木建設作業員など）

（注）聞き取り調査により作成。

性たちは、農業内就労のなかで金銭化してこなかった部分を金銭化する方法を選択した。彼女たちにとって、市に参加するという行為とその帰結は、ほとんどすべてが新しい経験である。その経験を自分なりに解釈し、意味づけをし、次の行為へと動いていっている様子が、彼女たちの語りの随所からうかがえる。

ここでは、市に参加するという行為を起点に生起するさまざまな変化について、宮台真司のパースペクティブにもとづき、自己システムにかかわるアスペクト（局面）、相互行為システムにかかわるアスペクト、社会システムにかかわるアスペクトの三つに分けて記述する。[15]

自己システムにかかわるアスペクト

図3に当てはめてみると、朝市にかかわるようになった農家女性たちが自己イメージを消極的・否定的なものから積極的・肯定的なものへ大きく転換させていく様子を、うまく捉えられる。

最初は、農業者としても、一人の個人としても、自己のなした労働に対して明確な評価を受けたことのない自分、「カアチャン農業」と言われ、成人男性と同じには評価してもらえない自分、夫や舅の指示を受けて働いてきた自分、といった自己イメージから出発した農家女性が多い。しかし、ε_1で朝市への参加という刺激を受け、自己イメージの修正が始まる。ε_2で野菜の生産・出荷に関するさまざまな刺激を受け、行為がなされる。ε_3で他者からの評価や反応という刺激を受け、それが

図3　女性たちの自己イメージの転換

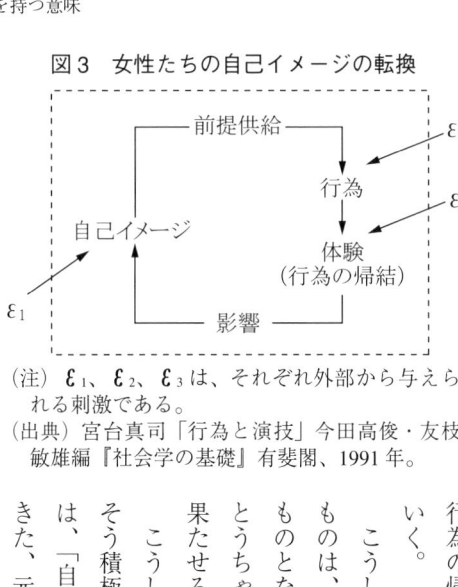

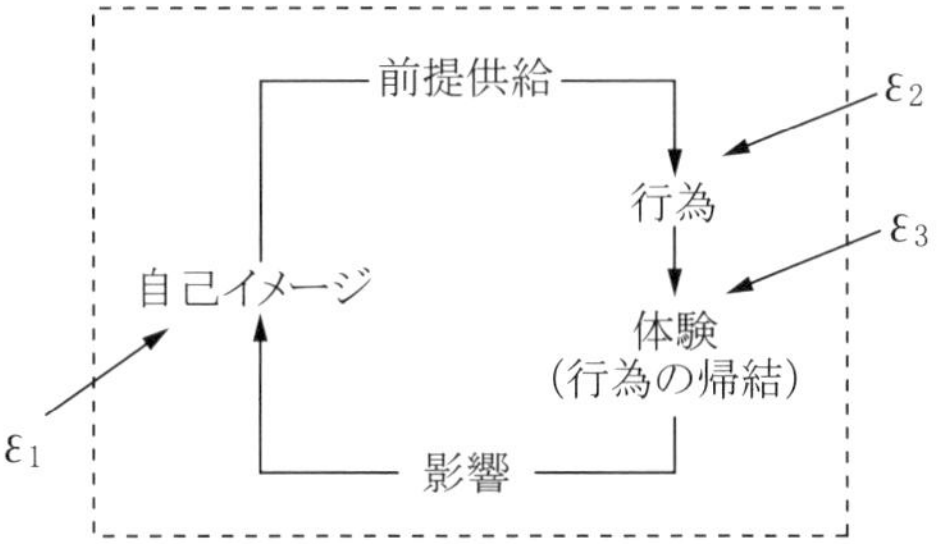

（注）ε_1、ε_2、ε_3は、それぞれ外部から与えられる刺激である。
（出典）宮台真司「行為と演技」今田高俊・友枝敏雄編『社会学の基礎』有斐閣、1991年。

行為の帰結として体験される。これが再び自己イメージへと影響を与えていく。

こうしたサイクルのくり返しの結果、行為の帰結として自分が体験したものは、行為の前提供給となった当初の自己イメージに大きな修正を迫るものとなった。つまり、明確な評価、それも意外に高い評価を受ける自分、とうちゃんと同じくらいかそれ以上に稼げる自分、自己決定や自己責任を果たせる自分、といったものである。

こうして最初の自己イメージは大幅に修正され、市への参加はよりいっそう積極的になっていく。ポジティブ・フィードバックである。ある女性は、「自分でもようわからんけど、やる気っちゅうか、自分に自信が出てきた、元気が出るとよ」と話していた。

さらに、「自己決定できる自分」という自己イメージは、市に参加する一連の行為連関（何をどれくらい出そうかという計画から始まって、作付け、管理、収穫、「品物」として整えるまでの全体の流れ）をより主体的なものにし、自己決定の気持ちよさや緊張感などを味わうという体験をする。それは、さらにポジティブ・フィードバックとして、自己イメージの維持・強化へとつながっていく。以下のような声が、それを示している。

「自分が船頭でするのは、楽しい。人にさせられるのは、楽しくない。同じことをしててもね、人から指図されて動くだけ、ちゅうのはきつかだけ。誰でもいっしょじゃなかと」

「これ売ったらいくらある、これ売ったらいくらある、と考えながらすると、いくらでも頑張れる」

「自分の人生なんだから、犠牲ばっかりはいやだ、というのはいつも思っていた。いやいややらされるのと、好

図4　メンバー同士、家族、お客との関係

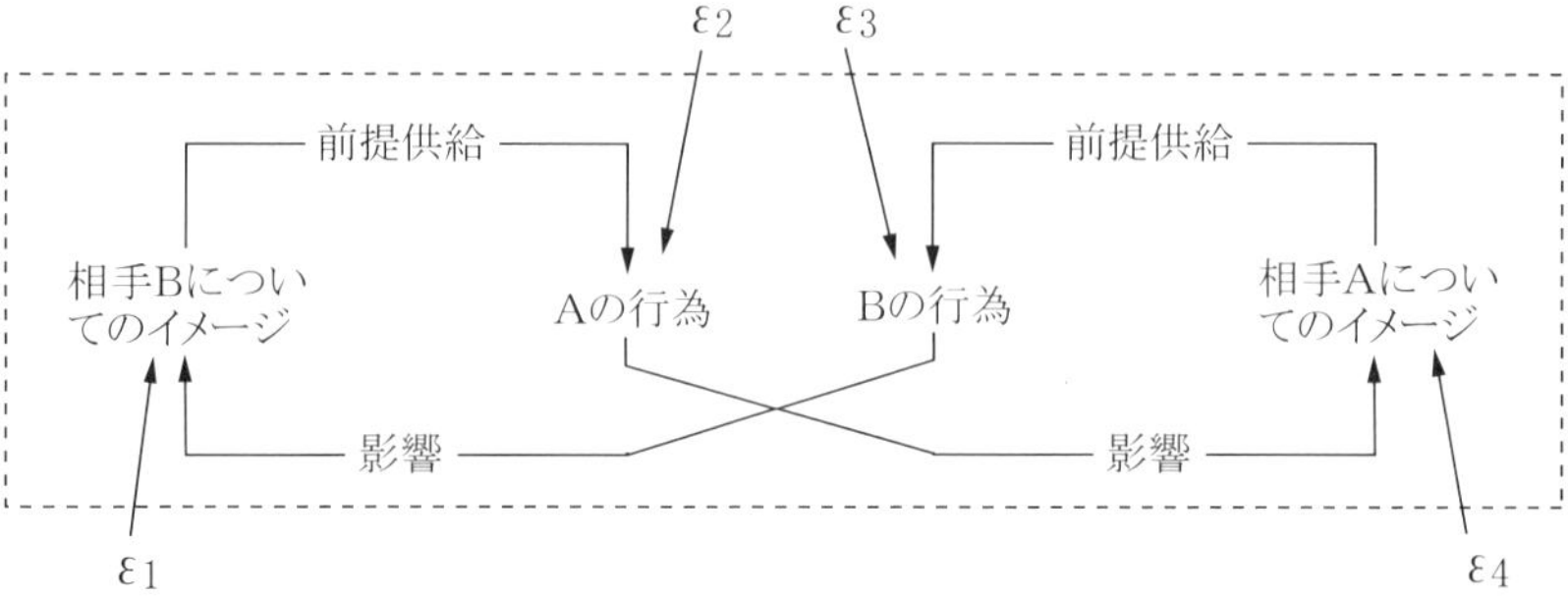

（出典）図3に同じ。

きでやるのとは、全然違う。同じ仕事でも、自分で考えてするのと、他人から指図されてするのとでは、全然感じ方が違う」

また、「きばれる自分」という自己イメージもつくられ、こんな声もきかれた。「部会に入っとって辛いちゅうことはない、いっぺんもなかったね。大変じゃああるけど、楽しみできついのは忘れてしまう。通帳を見ると、お金が少しずつでも確実に貯まっていくのがわかる。その数字を見ながら、ああ、頑張ったもんなぁとか、今度は何を買おうか、どこに行こうかとかいろいろ考えて、それだけでも楽しい。家で働いた分は家全体のもの、自分のいいようには使えん。部会のなら、どこにどう使おうと自由。家計に向けようが、自分のものに使おうが、あれ買うからとか、これにいくらいるからとか、いちいち言うて、もらうのは面倒。それに、家の分はたいてい一年に一回くらいの収入だから」

相互行為システムにかかわるアスペクト

図4を使うと、市のメンバー同士や家族員、お客との関係などが、それぞれどのような相互作用の積み重ねによって形成されていくのかが、うまく記述できる。まず、メンバー同士の関係から見てみよう。

郷ノ浦町のふれあい市（以下、市）のメンバーになるには、三つの資格要件がある。農協の婦人部員であること、八割以上の出席（品物を週に二回で毎月約八回、年に九六回前後出す。そのほか農協祭りなどのイベントへの出席も含む）、当番に出ることができること、である。このうち、八割以上の出席をクリアするのは、「ある程度、野菜作りのプロ」でないとむずかしいという。したがって、部員たちは相互に、「野菜作りが上手」というイメージをもっている。それを前提供給として、各人は「よいもの」を作ろうと努力し、その成果である品物を市に持ち込む。

その品物を見た他のメンバーは、「よくできてる」「あんまり上手じゃないな」などと評価して、相手に対するイメージにフィード・バックさせ、次の自己の行為にも影響が及ぶ。「自分の集落だけでなく、広い範囲で婦人同士の横のつながりができた」「自分の世界が広がったような感じがする。たくさん友だちもできた」「張り合う気持ちもある。ライバルちゅうのか、農業に取り組む意欲を刺激し合う、よい場になっている」などの声が聞かれた。

次に、お客との関係について。

「お客の顔が見える」から、これまでお客に対してほとんど何のイメージももたずに品物を作っていた自分に気づく。お客の顔が見え、声が聞こえることにより、「市場出荷ではとても思いつかんことやった。これまでよりは、もっと安全で、もっとおいしいものを作ろうという気になった」「品物についてのお客さんの声は励みになるとよ。自分の作ったものの評価がわかるから、生産の意欲向上へとつながるとたいね」などの声が聞かれた。

また、異常なほどに細分化された規格のおかしさにも気づく。話す様子も自信にあふれた表情であった。

「（野菜は）少々小さくても、また大きくなりすぎとっても、味はあんまり変わらんと。きゅうりも曲がっとっても、きゅうりの味はするると。それが、農協出荷やと、はねられる、売り物にならんとよ。そえでも、しょんなか、そういうもんたい、と思うちょった。『消費者のニーズ』ち言わすとだけん。でも、ふれあい（市）ではそれが売れる、お客さんが買うて行く。それを見とったら、どっちがおかしかとやか、と思うたよ。みばや形じゃなか、新鮮さや安心、味で選ぶお客さんもちゃんとおるちゅうことがわかったとよ」

市での品物の値段は、各人が自由に決める。とはいえ、一袋の量と値段を決める際、お客の反応が影響を与えている。お客の視点に準拠しながら、自分がどれくらい手間暇かけたかも考慮しながらの決定である。「自分で値をつける」という行為は、市ならではの体験だ。

「農協出荷用のは、作るまではそりゃあ一生懸命。でも、いくらの値がつくかは、もうあたしたちの手の届かんところ。考えても仕方がなかとよ。でも、ここ（ふれあい市）は違う。暑か盛りにようきばったとか、他のみんなより少し早く作付けしたけん早く出荷できたとか、そういうときには値を少し高く付けることもある。自分で自分をほめるちゅうか、きばったらきばったしこ（だけ）返ってくると。また、やりがいもある」

夫や舅・姑、嫁など他の家族員との関係については、断片的な聞き取りしかできていない。それは、私の調査不足というだけでなく、多くの場合、女性たちは一人で黙々と市への参加という行為を積み重ねてきていることによる。ただ、多少なりとも家族員の協力を得ている場合は、その家族員と女性との間の関係性に変化が見られている。それは総じて、女性に対して「よう頑張りようる」「手伝えることは手伝っちゃろう」という肯定的な評価である。「うちの嫁さんも、ようやってくれさす」「かあちゃん（妻）もなかなかやるたいね」という声をよく聞いた。

嫁と協力して市に出す品物を作っているある女性は、こう話していた。

「嫁は、最初は外で働いていたが、三人も子どもができて、いまは勤めを辞めて家におる。うちは、機械を買うて、粉挽いて、ハッタイコ（煎った小麦を粉にしたもの。香ばしくておいしい）とかを売っとると。粉挽きは嫁の仕事なので、売り上げの半分を嫁に、給料のようにして渡しょうる。それで嫁も、『おかあさん、やりがいがあるよ』と言って、頑張ってくれる。渡すもんはちゃんと渡して、仲良うしていかんとね。昔とはもう違うとやけん」

社会システムにかかわるアスペクト

図5を使うと、女性たちが、自分自身と社会の動きの相互連関性を感じ取り、さまざまな事柄に思いをめぐらせ、

それが社会イメージを変え、さらに女性たちの行為をも変えていっていることが記述できる。

たとえば、市に参加する前、女性たち自身が抱いていた社会イメージのひとつに、農業に対するネガティブなイメージがあった。それは、「儲からない」「きつい」「汚い」「不安定」「かっこ悪い」などである。これは、社会のマジョリティがマイノリティに対して押しつけてくる否定的なイメージを内面化してしまったことが大きい。これが前提となると、あととりに対して「農業を継げ」と強気に出ることができない親たちの姿となる。そして、市に参加した後も、自分の家のあととりも含めて社会全体としてのネガティブ・イメージが払拭されていないと思っていれば、この「弱気な態度」は変わらない。実際、市に参加している女性のなかで、自分の子どもに「農業を継いでほしい」と言った親は本当にわずかであった。

しかし、すでに数十年を農業者として生きてきて、これからも体の続くかぎり農業者として生きていこうと思う、あるいは生きていくしかない女性たちは、市での数々の経験をとおして、農業にはポジティブ・イメージもありうるのだ、と知っていく。これは、これまでのネガティブ・イメージを変えるうえで、たいへん大きな意味をもつ。

「農業は儲からない」「不安定」という諦めは、市で確実に売り上げを伸ばすという経験によって修正されていった。

「いままで金にならなかったものが金になるというのは、本当に驚きだった。市場の規格外の野菜は、自分の家で食べるか、人にやるか、捨てるか、だった。ナブタケ(家庭菜園)のもんもいっしょ。それが、市では、『新鮮、安い、おいし

図5　女性たちの社会イメージの転換

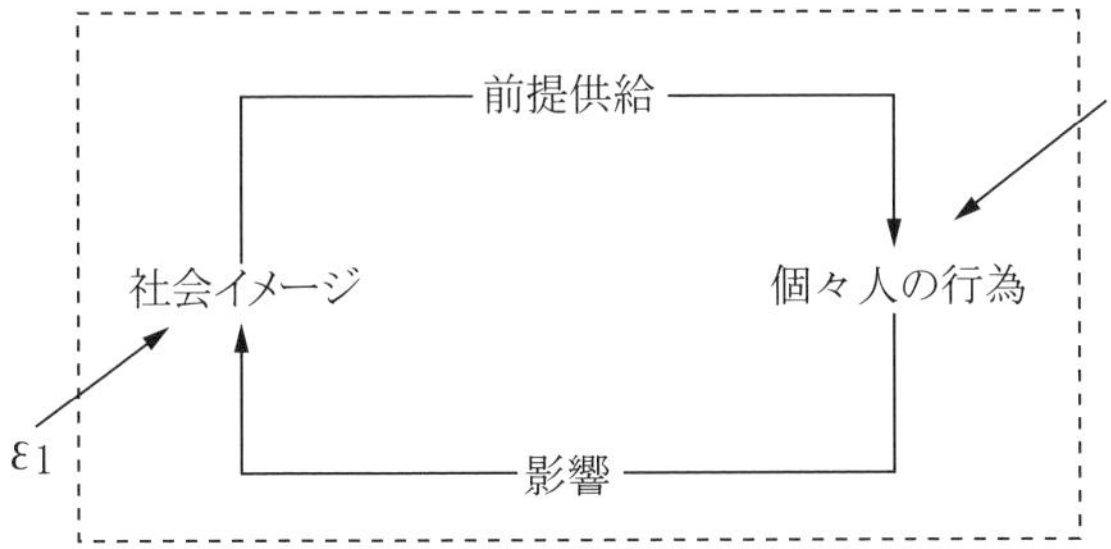

(出典) 図3に同じ。

い』ちゅうて、喜んで買ってもらえる。手作りの味噌・饅頭・団子・総菜とかも」
「畑を遊ばせておく、荒らしておくのはもったいなかねぇと思うようになった。こちらの働きかけ方しだいで、畑からはいろんなもんが生まれてくるとよね」

さらに、農家の暮らしの再評価や、市場の歪み（異常に細分化された規格のおかしさなど）の認識、地域社会や地域農業のなかで自己の果たすべき役割についてなど、「いろいろと考えるようになったよ」「百姓は、おひさん浴びて真っ黒になって、土で汚れて、腰は痛かし。でもね、自分で仕事の段取りはできるし、こうしたらどうなるとか、今度はこうしてみようとか、いろいろ工夫もできる。会社に勤めるよりは、私はおもしろかと思うとやけどね。いまの若手にはなかなか通じんとよね。いっぺんやってみれば、ようわかるとに、頭っからせん、ちゅうてね」と言う声もあった。

4　女が自分の財布を持つことの意味

当事者への影響

市に参加している女性たち自身への影響は、一言でいえば「自己イメージの肯定的修正」ということだろう。その修正された自己イメージをもとに彼女たちが手にしたものは、①労働における主体性（テマから自分が船頭への変化）、②「自分」という存在の発見と思考の広がり（自分の欲求、考え、生き方を問う、他者との関係や社会との関係を見つめる）、③お金の自由→行動の自由→世界の広がり、である。

以下の二人の語りには、この三〇年ほどの間に農家女性たちが大きく変わった様子がよく表現されている。自分で考え、行動する女性が増え、行動の自由を獲得してきた様子がうかがえる。

「『農家の女性』ちゅうても、昔のようにはない。うちのおばあちゃんは、何をするのにも一人では決められん。何でも『おじいさんに聞いてから』ちゅうて、遠慮しがち。明治・大正の人たちは、だいたいそうだろう。いまでも、婦人会の旅行などで出欠をまとめるとき、『主人の意見を聞いてから（返事する）…』と言う人はいるけど、だいぶ減った」（五〇歳代）

「私は昭和二八（一九五三）年に嫁に来たとやけど、昔は、本当に出かけるちゅうことがしにくかったとよ。それが、婦人会の集まり、婦人会の行事だから、ということで出ることが増えると、既成事実化して出やすくなる。自分だけでなくみんなもそうだということも、出やすい環境づくりになっていった。戸が開かれたっちゃないとかなぁ」（六〇歳代）。

これは、市への参加以前から始まっていた流れではあるが、その流れをさらに促進する方向で彼女たちの活動は広がってきている。

家族員への影響

すでに見てきたように、女性たちは市への参加をとおして、確実に自分の世界をつくり出してきた。市の場においては、彼女たちは十分に「可視的な存在」である。そのため、何らかの形で家族員の協力を得ている場合、家族員には女性の動きが見えやすく、評価は総じて肯定的なものであった。

しかし、多くの女性は、「自分はこうしたい、ああしたい、こんなことをしている」など市を話題にする場や時間を、家族員ともつことが少ないようにうかがえた。ただ黙々と、自分のやりたいことをやっていく、という姿である。そのため、家族員からはその動きが見えにくく、「よくわからないが、うちのお嫁さん（あるいは、かあちゃん）は何かきばりょうる、生き生きしてきちょる」と映っている程度である。以下の話は、それを端的に示している。語り手は六〇歳代の女性で、亡くなったという友人の女性も同じくらいの年齢と思われる。

「私の友だちで、ふれあい市の部会員だった人がいる。こないだ亡くなったんだけど、ご主人が奥さんの亡くなった後で、市に出すのに、野菜を束ねたり、洗ったり、いろいろ大変な苦労をしていたことを初めて知った、と話しておられた。そして、そうした奥さんの頑張りを知らなかっただけでなく、年間一〇〇万円以上も売り上げていたことも知らなかった、奥さん名義の通帳を見て初めて知った、と驚いてもいた。夫婦の間では、『売れた』『売れんやった』といったあらかたの会話はしても、いくらいくらと細かな金額は話題にしていない。また、夫も奥さんのお金を当てにしていないことが多い。奥さんたちも、ダンナに内緒、何か秘密をもつということが、たまらなく魅力的で、楽しいらしい。私もそう思うよ」

地域社会への影響

地域農業への影響、地域社会のもつ規範や慣行への影響の二つに分けて考えてみる。

地域農業への影響について言えば、すでに見てきたとおり、市への参加によって農家女性たちが自分の財布を持ったことが壱岐島の農業の活性化に一定程度のプラスの影響を与えているのは、間違いないであろう。それは、市の売上金額の伸びという目に見えるモノサシで測ることのできるものである。

だが、本章では、それ以外の、目には見えにくいが重要なモノサシを活用してきた。行為主体である女性たちの意識をひとつのモノサシとして、農業に対するイメージや営農意欲の変化が、結果として市の発展に結びついていく様子を明らかにしたつもりである。農業者の意識が変わっていったことこそが、壱岐島の農業にとってもっとも大きな成果であると言えよう。

次に、地域社会のもつ規範や慣行への影響について見てみよう。

第一に、家の財布の複数化をいっそう促進させる結果となった。これは同時に、農家女性が自分の財布を持つということが、決してホマチやワタクシではなく、「当然のこと、あたりまえのこと、普通のこと」という認識の一般化にもつながっている。ホマチやワタクシとは、へそくりを意味する民俗語彙である。農家女性が自分の財布を持つことが、隠すことではなく当然のこととして自他ともに認められるようになった意義は大きい。

また、「シャクシを渡す」という社会慣行の消滅を加速化させている。この慣行は、家の財布は一つ、ということを前提としている。したがって、この前提が崩れるとき、慣行が変質・消滅するのは必然的である。兼業化の深化と農業収入低迷のなかで、家の財布の複数化は、すでに不可逆的な変化として始まっていた。それは、市以前の生活についての専業農家と兼業農家それぞれの女性の語りを比較すれば、容易に読みとれる。二世代そろって農業をやっていた、という女性は言う。

「完全に譲られる前が、一番きつかった。シュウトサンは、仕事は譲って、お金は握る、ちゅうような感じで。ほんなこつ、仕事はめいっぱいやらんばいかんし、お金は自由にならんし。アイスを子どもに買うちくれちゃろうかと思っても、そのお金が出てこん。いまの人にはその苦労がない。自由やもんね」

これを聞いた別の女性(夫が農外就労、女性は農業)は、とても驚いた顔をして言った。二人はほぼ同じ年齢で、結婚した時期も同じくらいである。

「あんたんとこは、そげんやったと。大変やったねぇ。いっしょに百姓しとる二世代夫婦のそろっとる家が一番大変やろうね。うちとこのように、嫁は百姓でも夫は外で勤めちゅうと、だいぶん違うよ。外で取って来るけん、シャクシ譲られる前から、自由になる金があったよ」

第二に、家族形態および家族観の模索にも影響を与えている。壱岐島の家族類型は、インキョとホンケが世帯を分ける（別財・別食・別棟）ものの、なおかつ一つの「家」としての永続性を志向する「複世帯制の家族」であった[16]。外面的な家族構成からの分類は、いまもなお複世帯制の家族が多い。しかし、近年の新たな傾向として、結婚当初から親世代とあととり夫婦の世代とが同居しても世帯を分ける型、一時的別居の型（そのうちに親世代と同じ敷地内に住む予定）が見られるようになった。これは、明らかに新たな家族形態模索の動きである[17]。

一九八〇年代ごろから農家の嫁たちは結婚後も退職せず、農外就労を続ける場合が増え、独身時代から有していた自分の財布を継続して持つ嫁が一般的になっていった。そうしたなか、農産物の直売所への参加によって姑の立場の女性たちも自分の財布を持ち、成人の家族員のほぼ全員が個人の財布を持つようになる。これは、新たな家族形態および家族観に少なからぬ影響を及ぼしていると思われる。市に参加している農家女性たちの多くは、自分たちが嫁の立場が弱かった時代の最後の生き残りだと話す。

「たとえわずかでも自分の自由になる金を持っとるか持っとらんか、その違いは大きいか。別に、誰かに対して威張るわけじゃなかとやけど、何か強くなれる。気持ちのうえで、何かね」

「いまのお嫁さんたちは、自分のお勤めを持っとって、給料から自分の小遣いもある。そりゃあ、気兼ねがいらん、私ら姑に対して。『お義母さん、これこれでお金がいりますから、いくらいくらください』とか言わんでもいい。いつ言おうかとか、聞いてくれさすだろうかとか、顔色うかがったりもせんでよかし」

5　今後の課題

最後に、本章で扱えなかった課題をあげておきたい。

第一は、家業経営のなかでの個人の労働に対する評価の問題である。家業の位置づけにある農業経営に関しては、労働に対する評価は依然として不明瞭なままである。したがって、市での収入も家業に包摂された途端、労働に対する報酬は不明瞭なものとなってしまう。たとえば、市のメンバー全体からするとわずかではあるが、家計を支えるために参加している人もいる。二人の声を紹介しておこう。

「私のように、一人で何でも自分がせにゃでけんとなると、自分の財布とか小遣いどころじゃなかとよ。家計になるとやからね（夫は病気で自宅療養中）。でも、ここで売ると助かるね、けっこう売り上げがあるとよ」

「ふれあい市の売上金は、すべて家計に入れる。これで暮らしていきようるから、資材代もかかっているし。他の人は、ほとんどお祭り気分、定年退職後のような形。小遣い稼ぎや楽しみでやっている人たちだから。私たちはこれで暮らしているから、私一人で自由に使えるお金ではない。私は昭和三一（一九五六）年に嫁に来た」

この二人の女性も含め、市に参加している女性たちは、なぜ家業の労働に対する報酬を諦めているのだろうか。聞き取りをとおしてすぐに明らかになったのは、彼女たちが分配を要求するにはもともとのパイが小さすぎるという現実である。私は尋ねてみた。

「家の農業収入の使途の決定権は誰にあるのですか」

「おとうさん（＝夫のこと）がもっている人もあるけど、そうねぇ、農家全体で言えば、男の人が三分の二、女の人が三分の一というところかなぁ。女の人が決定権をもっている家は、ほとんど夫が農外就労で、家業の農業はもっぱら女性が行っているという場合」

「おもな使途は何ですか」

「そりゃあ、一番は農機具の支払い。年払いとか、いろいろある。未払いの分をまず払って、それから、税金、交際費。小遣いや給料をきちんともらえている家庭は少ないだろうと思う。ほとんどないんじゃないか。『月々、決まった額を家族に』というような理想論は、ずうっと前から唱えられてる。でも、それは机上の空論みたいなもの。実際の農家の生活は、いくら安い金額でも、給料みたいに払っていたら赤字になる。いま米の代金ちゅうても、ほんとにわずかなものよ。いまだに家族の労働力はただ(=無料、支払いなし)だから、農家の人はみんな農外就労をしている。女の人はパートに出たり、民宿の手伝いに行ったり、日雇いの土方に行ったりもする。これらの賃金は、みんな自分のものになる。たとえ生活費に充てるにしても、自分のお金。朝市や無人市などで農家の婦人たちが頑張るのも、こうした状況があるから」

家業経営における個人の労働評価の問題は、農家の場合であれば、農家経営全体に占める農業収入比率の低さ、ひいては現代日本の産業構造内の農業の位置づけをふまえたうえで、考察していかねばならない。

第二に、男性がいる場での女性たちの役割や行為の問題である。農家女性たちの市への取り組みは、農協婦人部、集落の農家女性たちという、女性だけの集団でなされてきた。男性が加わった場(家族、農協組織、地域社会など)においては、それがどうなるのか。男尊女卑の社会通念をそのままに、夫婦が対等な関係で「ものを言うこと」「活動すること」ができるのか、という疑問が残る。これについては、第8章で述べる。

実際、「女のほうが肉体的にすごく大変。家事をして、農作業して、子どもや孫、年寄りの世話もあったりする」という声は多く聞いた。しかし、家事や育児、介護に男性たちの協力を求める声は、まったくといっていいほど聞かれない。性別役割分業はそのままで、これからも「男は仕事、女は仕事(家業と朝市)と家事の両方」と考えているように思われる。現時点で、彼女たちが望んでいることは現状維持で、家の農業と両立し、各人が自分の小遣い、家計補助、家業の一部として市への参加を続けていくことである。性別役割分業の問題は、家庭内での分業の実際や意識調査、地域社会の文化や地域集団の調査などをとおして考察する必要がある。

第三は、私領域の市場化を進めていくことの是非である。これについては、第2章で論じることにする。

（1）熊谷苑子「家族農業経営における女性労働の役割評価とその意義」日本村落研究学会編『年報村落社会研究　家族農業経営における女性の自立』第三一集、農山漁村文化協会、一九九五年。実際、研究者が農家女性を「不可視の存在」であると認知すること自体、フェミニズムの視点に立つことで初めて可能になった。

（2）天野正子は、「『オルタナティブ』の地平へ」（井上輝子・上野千鶴子・江原由美子編『日本のフェミニズム4権力と労働』岩波書店、一九九四年）で、次のように述べている。「それにしても、フェミニズムが農村女性の労働問題について、驚くほど無関心なのはなぜだろうか（文献案内⑤）。それは、もっぱら「近代」との格闘に焦点を合わせてきたフェミニズムの一つの「弱さ」かもしれない」。フェミニズムの視点からの問い直しの動きについて、たとえば、日本村落研究学会第四二回大会（一九九四年）で、テーマセッションの一つに「農業と女性―労働と意識の変化をめぐって―」が設定されたこと、大会の共通テーマの総括的性格をもつ『年報　村落社会研究』第三一集で、「家族農業経営における女性の自立」というサブタイトルで種々の論考が掲載されていることなどは、そうした流れを示す。一方で日本民俗学において は、問い直しの様相はかなり異なる（詳細は第3章）。従来の研究成果への疑義を提示する声自体、まだ圧倒的にマイノリティである。さらに、そうした論考でさえ「フェミニズムの黙殺」とでもいうべき前提から出発しているように見える。

（3）アン・オークレーは、『家事の社会学』（渡辺潤・佐藤和枝訳、松籟社、一九八〇年）の冒頭で、社会学における女の不可視性およびそれが孕む諸問題を提示している。

（4）岩崎由美子「農村における女性起業の意義と方向性―農村の女性起業実態調査を通じて―」前掲『年報　村落社会研究』第三一集。

（5）彼女たちに対し、「朝市への参加で自分に起こった変化は何か」と尋ねると、「自分の財布を持てたこと」という答えがまず返ってくる。そして、お金の使い道やそれにまつわる話があふれるように出てくる。そのときの表情は、とても生き生きしている。

（6）壱岐郡四町は、合併によって二〇〇三年三月一日に壱岐市となった。

（7）「農村の女性が自分の財布を持っていない（いなかった）ことは、『自明のこと』である」という社会通念を多くの研究者が共有している状況下では、財布を持たないことや持つことの意味を問うという問題設定自体、成立するものではなかった。

（8）市のメンバーの女性たちは、自分たちが作り、販売しているものを、「商品」とは言わずに、「品物」と言う。

（9）壱岐島では、民俗語彙として、家庭菜園のことをナブタケ（またはマエバッケ）と言う。ナブタケは、家の敷地内か、すぐ目の前の比較的小さな畑である。この管理は、女性や年寄りの仕事とされてきた。成人男性は、播種前と収穫後に畑を起こす作業をすることはあっても、それ以外は一切手を出さなかったし、現在も同様である。

（10）アキナイとは、農家女性が野菜などを持って町部へ売りに行くことを言う。漁家女性が、魚を農村部へ売りに行くこともあった。現在も郷ノ浦町の町部では、ほとんど毎日、農家女性たちが思い思いの品物を持ってやって来て、半日ほど売っている。お客は近所に住む非農家の女性たちである。売るほうも買うほうも、ともに高齢化が進んでいる。

（11）ふれあい市部会の規約には、以下の目的が掲げられている。「目的　第一条　壱岐郡農協婦人部事業の一環として島内で生産された農産物を消費者に供給することにより、生産者は農産物の付加価値を高め農家経営の安定に、消費者は新鮮、安心、安値の有機野菜を購入することにより、健康の維持と生活防衛を計《ママ》ることを目的とする」。生産者と消費者の両方を視野に入れたもので、二〇〇〇年ごろから全国各地で行政主導で展開されている地産地消運動につながるものであるが、部会が結成された一九八〇年代なかばとしては画期的であったと言えよう。聞き取りによると、当初、部会員には、この目的はさほど意識されてはいなかった。なぜなら、参加動機の多くは、家庭菜園の余りや市場出荷の規格外品を金銭化するというものであったためである。ただし、本文で述べたとおり、消費者とのかかわりをとおして、規約に掲げた目的がしだいに認識されていった。

（12）部会の規約の作成、組織づくりに始まって、毎回の市で売れた品目、単価、数量をチェックするシステム、各出店者の口座への売上代金の振り込み、年に一度の総会の開催、新規加入者の募集、栽培技術に関する講習会の設定など、至れり尽くせりである。「うち（ふれあい市を指す）は、組織的にしっかりしている」と、農協の担当課長は再三、口にしていた。ふれあい市が軌道に乗り、順調に発展してきた背景には、こうした組織面での苦労を出店者がほとんどしなくてすんでいることがある、と思われる。これは、他の二つの事例とはまったく異なる点である。
(13) 聞き取りの際にも、「年に一〇〇万くらいになるとよ」という声を、何人もの部会員から聞いた。
(14) 壱岐島では、住民の空間認識区分として、農村部をイナカ、漁村部をウラ、商店や旅館などが集まったところをマチと称している。
(15) 宮台真司「行為と役割」今田高俊・友枝繁雄編『社会学の基礎』有斐閣、一九九一年。
(16) 壱岐島の複世帯制家族の詳細については、以前論じたことがある。靍理恵子「現代日本における家研究の有効性―複世帯制家族の位置づけを通して―」甲南女子大学大学院研究論文集『社会学研究』第八号、一九九〇年。
(17) 壱岐島の複世帯制家族の変容については、靍理恵子「複世帯制家族の変容と年寄りの位置―長崎県壱岐島の事例―」『順正短期大学研究紀要』三〇号、二〇〇二年、「農村における家の変容」『吉備国際大学社会学部研究紀要』一三号、二〇〇三年、参照。

〈付記〉

郷ノ浦町のふれあい市は、二〇〇二年に「アグリプラザ四季菜館」として大きく生まれ変わった。農協本所の敷地内に常設の店舗となり、部会員数は二倍以上に増え、年齢層も二〇～四〇歳代までがぐっと増えて、大幅な若返りを見せている。部会員の固定化・高齢化という従来の懸念は、一応払拭された。石田町のふれあい朝市も、二〇〇一年にマリンパル壱岐という建物内の店舗に入る形で、再出発している。石田町内の無人市を統合する形で参加を呼びかけ、また新規の会員を募集したことで、会員数も増え、年齢的にも以前よりは若い層が増えた。やはり、常設の建物で毎日営業している。

二つの市の変化については、従来の会員の間では複雑な思いの声も聞かれる。たとえば、①市の開催日のたびに、コンテナその他を用意して品物を並べ、終わればまた片付けて、という文字どおりの「市」から、常設の店舗になった、②用意する手間がなくなり、便利になった、③暑さや寒さもしのぎやすくなった、などのメリットをあげる声は多い。一方で、手間ではあったが、当番がワイワイ言いながら準備し、みんなで片付けたことが、全体として手づくりの泥臭い雰囲気を出していた、それがたぶん、農家の良心、安全、安心、素朴さなどを醸し出すことにつながっていたのではないか、と惜しむ声も聞かれた。

また、会員数が増え、扱う品物も多くなり、ほぼ毎日開店となったため、かつてのような会員のなかからレジ当番を出したり、自らが自分の品物を売るスタイルは変化した。雇われた店員がレジを担当し、部会員は品物を持ち込み、引き取りにやって来るのみとなっている。これについては、その分、生産に励めるからよい、とする声がある一方で、お客さんの声が聞こえにくくなった、部会員同士の情報交換やおしゃべりが減った、などを寂しく思うという声が多かった。

長岡妃美子さんと山内アイ子さんは、その後、相次いで農協の女性理事となるなど、公的な場でのいっそうの活躍が見られる。お二人には、別々の機会に市の変化についてお尋ねする機会があったが、話の内容は非常に似ていた。二人とも、全体としてはよかったと言えるだろうとしながらも、前述のような変化を惜しむ声については、同じような思いで少々複雑である、それは単に「昔はよかった」といった保守的あるいは懐古的なものではなく、とくに規模拡大は市がもっていた大きな魅力を損なってしまうのではないかと懸念している、と話してくださった。その魅力とは、生産者と消費者を直接つなぐ場で、単なるモノのやりとりに終わらないふれあいがなされ、そこから自分の暮らしを振り返る機会となっていたことである。「大型化しすぎたら、そこらへんのスーパーとおんなじになってしまうけんね。そしたら、何ばしょうるか、わからんようになる」という懸念がもつ意味は、とても深いと言えよう。

第2章 家庭菜園の意味づけの変化——アンペイド・ワークとペイド・ワークの間——

1 家庭菜園とはどのような場なのか

農家女性（嫁と姑の両方を含む）が家族従業者の一人として、農業経営や農家経営に多大な働きをしてきたことについては、おもに日本民俗学において明らかにされてきた。ただし、農家女性の働きの大きさにもかかわらず、その評価あるいは労働に対する報酬がきわめて不十分であったことには、あまり注意が払われてこなかった。戦前期に丸岡秀子の『日本農村婦人問題』などの研究がなされていたものの、序章でも述べたとおり、農家女性のかかえる諸問題を重要な研究テーマとみなす動きは、かなり遅れて一九九〇年代に入ってからである。

労働の成果に対する正当な評価がないことは、当事者である女性にさまざまな不利益をもたらす。つい最近まで、自分の自由になるお金がなかったという経済的自立性の低さ、家庭内の権力構造における劣位性、家経営や農業経営への参画権・発言権・決定権の弱さなどは、農家女性がもつ諸特徴であった。これらは、相互に関連しあう形で女性たちの活動や活躍する場を、きわめて狭い範囲に限定してきた。こうした農家女性の労働およびそこから広がる生活をめぐる諸問題は、現在にまで続く農村の「女性問題」と見ることができる。

私が農家の家庭菜園に注目するようになった契機は、第1章で述べた農家女性と朝市の調査からである。朝市の多くは、家庭菜園で採れたものを「商品」として出すことから始まっていた。聞き取り調査に応じてくれた朝市の担い手は、調査当時五〇歳以上の農家女性が大半で、「いままで金にならなかったものが、市に出すと金になるよ。自分の財布も持てたし、少しばってん自分の自由に使うてよかお金たい」と、口々に語ってくれた。

聞き取りからは、農業経営および農家経営における農家女性の地位―役割が明瞭に浮かび上がってくる。農地と一口に言っても、家庭菜園と一般圃場とに分かれており、一般圃場の管理主体は成人男性である。女性や高齢者はその補佐的存在で、一般圃場の生産物からの収入は家の財布に一元化されてきた。一方、家庭菜園の管理主体は女性と高齢者で、自給部分を支える重要な場と見なされており、もともとは経済的報酬と結びつかないアンペイド・ワークであったことがわかった。それが、朝市や無人市などの「場（交換価値を生む場）」を得ることで、家庭菜園での労働が経済的報酬と結びつくペイド・ワークへと転換し、それにつれて男性たちの参入が盛んになりつつある。

こうした動きの根底には、ジェンダー問題が横たわっている。すなわち、お金にならない間は管理が女性に任され、いったん経済性が見込めるようになると、途端に男性たちが介入してくる。まさに男性たちのいいとこどりだ。

本章では、昭和三〇年代以降の農家や農業を取りまく劇的な変化のなかで、家庭菜園への女性のかかわり方がどのように変化していったのか、明らかにしたい。なお、論を進めていくうえで依拠する資料は、長崎県壱岐島で八四年から現在まで継続して行ってきたフィールドワークによる。聞き取りで意識した時間の幅は、戦後のおよそ五〇年間である。

まず、農家経営の変遷のなかで、家庭菜園とそれにかかわる農家女性の行為の変化を捉える。農家女性の家庭菜園へのかかわり方の変遷は、農家経営全体のなかでの女性労働の状況と深く関連していると考えるためである。農家経営の大きな転換点は、六一年の農業基本法制定と、それを受けて展開された「基本法農政」である。全国各地で多くの農家が「農業の近代化」をめざし、地域による細かな相違はあれ、農家経営や農業経営は大きく変化した。営農類型でいえば、自給自足型の少量多品目、有畜複合経営から、商品作物型の大量少品目、単一栽培型への転換である。こうした転換のなかで、一般的に、経営規模の小さな農家から兼業化の流れに呑み込まれていく。壱岐島も例外ではなかった。

2　農家経営の変遷と家庭菜園の位置

「基本法農政」以前の農家経営

壱岐島では、一九五〇年代後半まで農家経営の柱は農業経営で、親夫婦とあととり夫婦の二世代がそろって農作業に従事する労働形態が一般的であった。農地の経営規模や経営形態によっては、各種の農外就労に従事する場合も少なからずあったが、その場合の農外就労は、不定期もしくは臨時的なもの（土木建設の作業員など）である。恒常的に農外就労に従事して自家の農作業から遠ざかる、というようなことは稀であった[1]。

このように家成員が何らかの形で農作業に従事していた時代にあっては、「戸主」（戦前からの家長を指す。人びとは戦後も引き続き使用）を頂点に労働が組織されてきた。営農類型の決定や農作業などに関する一切の権限を戸主がもち、その他の家成員の労働力の配分にも権限をもつ。「戸主」の妻、あととりとその妻などは、テマ（単なる労働力）として働いてきた。とくに、あととりの妻である嫁は、農作業では「戸主」に従い、子育てや家事労働全般では戸主の妻である姑に従うという、二重の支配下におかれた。「昔の嫁は、牛や馬といっしょ。ただ黙って働くだけ。嫁をもらうことを『テマをもらった』と言っていたが、本当にそのとおり」とは、壱岐島の一九五〇年ごろより前に生まれた農家女性たちがごく普通に経験し、語ることである。

農業基本法と農家経営の変化

壱岐島では、六二年から農業構造改善事業が開始された。これは、普通畑からみかん畑への全面的転換により、「農業の近代化」をはかり、農業収入の増大を狙ったものである。(2) 以後、農家の経営類型は、およそ二つに分岐していく。一つは米＋みかん＋牛（肥育と繁殖）、もう一つは米＋みかん＋たばこ＋牛である。同じころ、稲作の作業工程にも機械化が進行し、耕耘機、田植機、稲刈り機、脱穀機、軽トラックその他自動車というように、農機具と運搬車の普及が進んだ。その結果、稲作における省力化はめざましく、みかん園の省力化とも相まって、余剰労働力が生まれた。

そうしたなかで、あととり層は、自家の農業経営に支障をきたすことなく、別に定職をもつことができるようになった。不定期・臨時的に農外就労へ従事していた形態から、恒常的に農外就労へ従事する恒常的勤務者（役場・銀行・郵便局・教員・一般企業の正職員など）や自営業主（大工・左官などの職人）への転換である。同じころ、あととり層の妻たちは、自家の農業経営の手伝い、子育てや家事労働に多忙な日々を送っていた。親世代はまだまだ若く、働き盛りとはいえ、農業経営への従事が中心で、安定的農外就労には向かわず、「三ちゃん農業」が七〇年代からスタートしていく。

農家女性の労働強化と農家の食生活の変化

農家の男性たちに農外就労が広がり、とくにあととり層に恒常的勤務者が増えていくことは、農家経営全体に占める農業経営の比重低下を意味する。現金収入獲得の機会や獲得金額が増加する一方で、支出部分も増大していった。農業機械や農薬・化学肥料などの農業資材費の増大をはじめ、テレビ・洗濯機その他耐久消費財の普及は、農村に物質的な豊かさをもたらす。その一方で、多くの問題も生じた。

「三ちゃん農業」が広がるなか、農家女性の労働強化はいっそう深化していく。そのため、兼業化による現金収入の増大を背景に、農家の食生活は自給自足的なものから大きく変化していった。七〇年代以降のインスタント食品の普及であり、家庭菜園の放棄であり、食生活全体における野菜の消費量の減少と自給野菜の比率の低下である。農村の生活改善指導が進められるなか、農業改良普及所の生活改善員による食生活の見直しや、栄養に注意した料理教室の開催などが行われた。また、市町村の健康診断で農家女性の多くに貧血や高血圧の傾向が見られ、慢性的な疲労を訴える人も多かったという。

当時を振り返って、「忙しかったけん、手抜きが増えたとよ。ばってん、体にはようなかった。どげん忙しかちゅうても、食事は手抜きしたらいかんやったと」と、農家女性の口からしばしば聞いた。しかし、当時は、「(自分で野菜や食事を作るより)買うほうが安い、早い」とごく普通に言われるようになり、お金や時間がモノの価値を測るモノサシとして、人びとの頭の中にしっかりと根づくことになった。食事の支度や家庭菜園の管理による自家用野菜の調達などは、女性が一手に引き受けていたアンペイド・ワークであったから、女性の労働強化にともない、手を抜けるところから抜くという当然の選択となったと思われる。

このように、農業収入中心だった農家経済は、農外収入へとその軸足を移動させ、それとともに、従来、自給自足を基本としてきた農家の食生活は、市場のサービスやモノを金銭と引き替えに入手することが「あたりまえ」となっていった。こうした流れのなか、農家女性の家庭菜園への働きかけ方は大きく二つに分かれていく。なかば放棄されていくものと、維持管理が続けられていくものである。これを家庭菜園管理の二極分化と呼んでおく。

農家経営の現状

二〇〇五年の「農業センサス」によると、壱岐島の農家の兼業化はいっそう進んでいる。農家戸数三〇二六戸のうち販売農家数は二二四九戸、内訳は専業農家四五六戸(二〇%)、第一種兼業農家四一一戸(一八%)、第二種兼業農家一三八二戸(六一%)である。また、「第五一次長崎農林水産統計年報」(〇三年)によると、農家一戸あたりの生産農業所得は平均六七万七〇〇〇円で、農家経営全体に占める農業経営の位置はますます小さくなった。

専業農家の場合、農業経営の一切に関する「戸主」の権限はまだまだ強いものの、兼業農家になるとかなり様子は違ってきている。兼業農家の場合、「戸主」は恒常的勤務者であり、農業専従者は「戸主」の妻や親世代であることが多い。そのため、「戸主」の権限は及びにくく、かなりの権限が農業の実質の担い手である妻や親たちの手にある。ただし、現在でも農業収入の使途や配分を決定するのは「戸主」の権限であり、農業収入自体がわずかであることもあって、農業による労働報酬は、実質的にはほとんどない無報酬、つまりアンペイド・ワークである。

近年、農家女性の農外就労については、年齢による明確な傾向が見られる。九七年調査時の四〇歳代を境に、恒常的勤務と臨時・不定期の勤務にはっきりと分かれる。つまり、五〇歳代以上の女性たちは、農業従事者として農業経営の柱となるとともに、家事全般、そして家庭菜園の維持管理も行っている場合が多い(農閑期などには、臨時・不定期の農外就労をすることも見られる)。一方、四〇歳代以下では、ほとんどが恒常的勤務者や自営業主である。平日は自家の農作業とは無縁で、家事も姑に大きく依存し、家庭菜園の管理も任せている。

3　家庭菜園での労働に対する意味づけの変化

自給の場(使用価値のみ)のころ

かつて、農家にとって自家消費用の野菜は、「自家調達があたりまえ」であった。壱岐島では、家庭菜園のことを、ナブタケ(菜畑)、ヤサイバッケ(野菜畑)、マエバッケ(前畑)などと呼ぶ。

「ヤサイバッケは、便利のよか、朝、晩にひかるる(採りに行くことができる)とこへ作った。たいがい、野菜は女が作ると。ヤサイバッケはたくさん(大きな面積)作らんけん。男は他の仕事がある」(一九一三(大正二)年生、長岡ヨシコさん)

「昔は、わがうちだけででけたもんだけで食べよったと、あるもんで食事の支度はしよったと。献立が先にあって、材料をそろえるちゅうやりかたは最近のこと」(一九二二(大正一一)年生、中島澄子さん)

家庭菜園で採れたものの大半は自家消費され、ときにはツキアイ(地縁をおもな契機とする親しい社会関係のこと)のなかでやりとりされた。農家が野菜を買う、などとは考えられもしなかった時代である。農家の食生活が自給自足を基本としていた時代には、家庭菜園の維持管理は女性や高齢者たちの仕事とされてきた。

その理由について、当事者も含めて、人びとはほとんど答えられない。あまりにも自然に、自明のこととされているために、とりたててその理由を考えたことなど、これまでなかったためだろう。「なし(なぜ)かわからんけど、昔から女の仕事やった」と言う。重ねて聞くと、「男は外に働きに出たり、(農作業でも)大きかことをするけん、細々としたことは、女の仕事」という答えが返ってくる。

この答えからは、家が家族農業経営を支える労働組織として機能してきたこと、性・世代・家族内地位などによって、それぞれ異なる役割が配分されていたことがうかがえる。農家では、食事の支度は女性の仕事であり、それ以外にも家事全般は女性の仕事という、非常に固定的な性別役割分業意識がある。そして、家庭菜園の維持管理は家事の延長として捉えられてきたため、当然のごとく、おもに女性が担っていたと考えられる。

二極分化する家庭菜園

その後、生活の隅々にまで資本主義的生活様式が浸透するなかで、金銭とは無縁だった領域のさまざまなモノが、あらゆる場面で金銭に換算されるようになっていく。測られる対象は、「時間」やツキアイのなかでやりとりされる「もの」であったりした。家庭菜園へのかかわり方も、農外就労や農業労働などの金銭につながる生産労働とのバランスで計算されることが多くなる。計算の結果、「買うほうが安い」という答えが出ると、家庭菜園は切り捨てられるか、嫁の代わりに舅や姑といった高齢者たちが維持管理することになった。

こうした流れに対して、家庭菜園の維持管理を復活させようとする動きが起こる。昭和四〇年代から全国各地で同時多発的に発生、あるいは組織的に推進・展開されていった「家庭菜園復活運動」である。戦後の生活改善運動の影響を受けているが、農協および農協婦人部が運動の主体となった事例が多い(3)。

壱岐島では、壱岐郡農協が農協婦人部を対象とする婦人部会の事業として企画立案・推進していった(4)。この運動の目的の一つは、自家消費用の野菜を作ることによって支出を減らし、農家経済を助けるという経済的観点である。しかし、それにとどまらず、農家女性たちは、「お金には換えられないもの」も守ろうとした。それは、野菜の味・新鮮さ・安全性、家族の健康な食生活、作物を作る喜びや生きがいなどである。昭和四〇年代と言えば、農家女性の多くはまだ安定的兼業に従事しておらず、農協婦人部のこの運動は、かなりの盛り上がりを見せていく。参加する婦人部員の数および家庭菜園の面積や生産される野菜の種類や量、栽培技術などにおいて、大きな広がりと向上を見せた。

そうした成功の背景として、第一に、運動の目的が明確であったことがあげられる。自給部分を増やし(=支出を減らす)、食生活を豊かにし、家族員の健康を守るという目的は、農協婦人部の女性たちに、とてもわかりやすかったと言われている。第二に、農協婦人部の活動として位置づけられていたことで、技術指導がていねいになされたことや、個人が取り組むとはいえ仲間があり、教え合ったり、ときにはライバル意識も働いたりと、親睦・研鑽の場が存在したことである。家庭菜園コンクールが毎年開催されたことも、そのひとつの例としてあげられる。

こうした家庭菜園復活運動は後に、農外就労への傾斜に危機感をもちつつ、自家の農家経営を守っていこうとする思想的基盤をもつ運動へと展開するもととなった。

朝市・無人市による劇的な転換

壱岐島の家庭菜園復活運動は、八五年前後にいっそうの弾みがつく。それが、朝市や無人市の取り組みであった。ムラごとの取り組みと農協婦人部の取り組みの二つに仕掛け人がおり、詳細については第1章に述べたとおりである。これらの取り組みは、自家消費用として「お金にならなかったもの」を「お金になるもの」へと劇的に転換させた。

そして、家庭菜園の意味も変わった。食事の支度の延長としてのアンペイド・ワークの場から、ペイド・ワークの場へである。表3に、それを整理した。市への参加前は、ナブタケは市場との関係は無縁で、管理の担い手は女性や高齢者で、家事労働の延長上に位置づけられ、当然ながらアンペイド・ワークであるため報酬はなく、生み出す価値は使用価値のみであった。それが市への参加によって、生産物の販売が始まると、市場との関係が一部生じ

表３　農地のカテゴリー別意味づけとその変化

〈市への参加前〉

	ナブタケ	一般圃場
市場との関係	無縁	乗る(一般の市場)
管理の担い手	女性、高齢者	成人男性中心
労働の位置づけ	家事労働の延長上	家業経営の枠内＝生産労働
報酬の支払い	アンペイド・ワーク	ペイド・ワークだが、不明瞭
生み出す価値	使用価値のみ	使用価値と交換価値

⇨

〈市への参加後〉

	ナブタケ	一般圃場
市場との関係	乗る(市)部分と無縁の部分	乗る(一般の市場)
管理の担い手	女性、高齢者、成人男性も	成人男性中心
労働の位置づけ	家事労働の延長上、個人の副業、家業経営	家業経営
報酬の支払い	ペイド・ワークとアンペイド・ワーク	ペイド・ワークだが、不明瞭
生み出す価値	使用価値と交換価値	交換価値

（出典）聞き取りにより作成。

る。管理の担い手は女性や高齢者のみであったのが、ときには成人男性もかかわるようになった。家庭菜園が市とのかかわりをもつことで、一部分交換価値を生み出す場となり、生産労働の中心的担い手の関与が出てきたのである。

朝市や無人市にかかわる農家女性やそれを支える家族たちは、家庭菜園の意味づけの転換にはメリットとデメリットの両方があると感じている。メリットは、農家女性が「自分の財布」を持て、家計補助的な意味ももつことである。農業者としての自信や生きがいを感じ、生活そのものが生き生きとしてきたこともあげられる。一方、デメリットについては、はっきりと自覚されているわけではない。ただし、なかには、金銭化という新たな尺度が入ることで、それまでの行為の意味や関係性の中身が大きく変わってきたことへのとまどいや不安を口にする人もあった。朝市のリーダーの長岡妃美子さんは、メリットについて話した後で、考えながらゆっくりと言葉を選ぶような様子で話した。

「ナブタケや（市場出荷用の）規格外の野菜たちを市で売るようになって、野菜のやりとりがしにくうなったと。何でも金に換算してしまうとよ。ただでもらうほうは、買うたらいくらと考え、あげるほうも、売ったらいくらと考えたりして。なんか生活の隅々にまで何でんお金に換算してしまう癖がついてしもうたごととして、損得抜きの人と人のつきあいがでにくくなったごたる」

傍で話を聞いていた、長岡さんのよき理解者である夫も言う。

「朝市は、ふれあう場所にはなるとですけど、すべてが金銭化されてしまうという危険ももっちょっとです。朝市を始める前は、自分のとこで採れた野菜で、食べきれんやったりとか、初物とかの珍しかもんを、自分が懇意にしちょうとこに持っていくし、また持ってきてもらっちょった。そこには、経済性を度外視したものがあったとですね。それが、無人市や朝市以後は、何でも金にするんだと思うあまり、心が後回しになっていることもあると思います。農家や漁家の経営の安定にはつながるかもしれんけど……。そえなことを考えようると、『ふれあい朝市』というネーミングも、その趣旨も、単に『名目上のふれあい』にしかすぎないのではないかと思ってしまう」

それに対して長岡さんは、こうも話してくれた。

「私も最初は、そう感じたこともあった。いままでただでやりとりしていたものが金になりだすと、『もらいにっか、やりにっか』で、たしかにやったりとったりがしにくくなってきた。でも、時間の経過とともに、だんだんみんな落ち着いてきた。お互いがわかりあって、とけあってきた。お得意(得意先)もできてきたし。市の場で出会うことによって、金の取引以外のものも生まれてきた、得られている」

私は、長岡さんとその夫の感じる懸念はきわめて妥当であると考える。彼女たちの朝市での取り組みは、家庭菜園の余剰野菜や市場出荷用の規格外の野菜といった、いままで価値をもたないとされてきた自らの野菜たちに価値を与え、自分たち自身の生き方も大きく変えてきた。そのプラスの側面は、どんなに高く評価しても評価しすぎることはない。ただ、その一方で、当初は予想もしなかった事態も生じた。それが二人の懸念であり、端的に言えば金銭化による社会関係の変質である。自分たちは一生懸命野菜を作り、それを喜んでお客さんに買ってもらう。朝市では、それは単なるモノの売り買いではなく、作る人と買う人が直接向かい合うふれあいの場となることが確認できたはずなのに、その行為が従来のつきあいを変質させてしまう矛盾は、たしかに衝撃的である。

しかし、その矛盾は、貨幣が存在し、貨幣を媒介とするモノの交換がなされる社会であるかぎり、解決可能なものではないだろう。だとすれば、その矛盾を見据えつつ、金銭化してしまいたくない領域を自覚的に守っていくしかないと考える。

家庭菜園の現状

現在も、家庭菜園の二極分化は続いている。家庭菜園への働きかけを放棄する農家の場合、農外就労への従事による賃労働への傾斜だけでなく、農業経営における労働強化が「野菜を家で作るよりは買うほうが安い」「便利」「簡単」という意識に拍車をかけている。壱岐島の農業経営において現在、安定した現金収入が得られるのは、タバコ、牛(繁殖と肥育)、施設園芸(花卉・アスパラガス・メロンなど)などである。いずれか一つに特化することで規模拡大とともに作業の単純化・省力化・コスト削減を徹底的に行い、たいていは家族全員が忙しく働いている。タバコ作を除けば、一年中切れ目なしに忙しい日が続く。そうしたなかにあって、家庭菜園の維持管理はたいへん困難となっている。

また、いまのところ家庭菜園が維持管理されている農家においても、若い世代の関心は薄い場合が多い。たとえば九七年の調査時、家庭菜園の維持管理をしている七〇歳代の女性から、次のような話を聞いた。

「晩ご飯だけは嫁にしてもらう家が多い。おばあちゃんたちは手を出さん。年寄りの作るおかずは、若い人たちや孫には喜ばれんし、喜ぶようなおかずも作りきらん。いまのお嫁さんたちは、一〇〇円、二〇〇円と金を出して野菜を買うて来る。時間がないのだと思う。スーパーに行ったついでに、パッパッと買うほうが楽。夕方、仕事から帰ってきて、畑に行って、ひいて、泥のついたのを洗って使うというのは、時間がかかる、手間。それで、最近は、いる品物を昼のうちにおばあさんが畑からひいて、洗って、台所に置いておく。そこまでしとかんと、せっかく畑にできとっても、採らんずく、食べんずくで、ムダになってしまう。いまは金の多かけん、そういうことのできると。昔はどうしてそういうことのできるっちゅうで」

四〇歳代後半の恒常的勤務をしている農家女性は、こう話す。

「いまごろは一〇〇円の無人市や朝市があって、新鮮で安いものが簡単に手に入るから、農家でも自分で作るよりはいい、と言って買う人も多い。私の家は、おかあさん(姑)が野菜を作ってくれているから、畑でできちょるものは買って帰らんようにして、ないものを買って帰るようにしている。せっかく作ってくれとるとやし、畑で腐らかすとももったいないし、作る人に気の毒。でも、正直なところ、畑のは泥がついているから、それを洗ってきれいにして、というのはけっこうな手間。一〇〇円市や朝市ものは、もうきれいにしてあるのがほとんどやから、こっちを使えたら便利ねぇと思うことはある」

一方、六〇歳代後半の女性はこう言う。

「ナブタケは私の仕事。人参やタマネギがあいなかでちょこっとときれるくらい、あとは、なーんも買わんでもよか。一年中だいたい食べるものがある。お嫁さんが畑中を見てさるかす(回る)、『買うともったいないなか』ち、思うとらすけんね。きちーんと始末(倹

手入れの行き届いた福田八重子さんの家庭菜園

約）しとらすと、パッパパッパ金を使うちゅうことはなか。ようできた嫁さんたい。私が作るとやけん、ようできんこともあるばってん、『こえなもん』とも何とも言わずに、お嫁さんは料理に使ってくれらす。すると、ああ、頑張って作らんと、と励みにもなる。ナブタケは女の仕事ち言うても、隠居のおじいさんやおばあさんも手伝うと。草取ったりとか、年寄りでもできることはいろいろあるけんね」

労働への評価と定年帰農の意義

家庭菜園の維持管理を積極的に行っている人びとの場合、朝市や無人市での自己の労働に対する評価（経済的報酬、労働する主体としての自己に対する社会的評価）が強い動機づけとなっている。これは、農家の女性労働のもつ問題点を考えるうえで重要な点である。労働する主体としての自己に対する社会的評価とは、労働の場における私は何者かという問いに対する答である。

その詳細については第3章で論じるが、単なる誰かの補助的存在にとどまるのではなく、自分で考え、行為を選択し、結果についての責任を負うことのできる、まさしく主体として存在しているという実感とともに、朝市や無人市の仲間や家族から注がれる尊敬のまなざしが、感じ取られている。これらは、従来の農業経営のなかでは得られにくかった労働に対する正当な評価であり、さらに家族の健康を守るのは主婦の当然の務めという主婦役割も加わって、五〇歳代以上の女性たちはいまたいへん元気で、生き生きとしている。また、兼業化のいっそうの深化のなか、高齢者による主婦役割の代行も広がっており、家経営における高齢者の存在意義確認の場にもなっているのである(5)。

さらに、近年の新たな動きとして、安定兼業に従事してきた兼業農家の男性・女性が定年後、主体的に農業へと戻っていく動きがある。「定年帰農」である。農家のあととりあるいは嫁であっても、安定兼業に長く従事している場合、農業全般の知識・技術は不十分であることが多い。とくに、男性が安定兼業に従事し、妻が農業専従者である場合は、妻にいろいろと教えてもらいながら、夫婦共通の楽しみや話題を見つけて、勤務先中心の生活から農業や家族、地域社会中心の生活へと、変わり始めている。そこに見られる夫婦の関係性は、夫が指示をして妻が従うという形とはおよそ異なる。

たとえば、「私は、妻のテゴ（手伝い）ですから」と冗談を言いながら、楽しそうに農作業をしている男性の姿を畑で見た。また、乗り慣れた様子でトラクターを操作している妻と、その傍らで細々とした作業をしている夫という組み合わせを見たこともある。その女性は、「近所の人からは、『また、ご主人ば尻にしいとる』て言われると」と笑いながら言うと、夫も「尻にしかれとるとですよ、ほんなこつです。ばってん、私が『はい、はい』と動いたほうが、いろいろと丸くおさまるとですよ」と話した。定年後、家にいることの増えた夫が、農協の会合や朝市の関係で忙しく出かける妻を気持ちよく送り出しているという話も聞いた。こうした姿はまだ少数であるが、今後は従来の農村の家族における夫婦関係をかなり変化させるものと思われる。

また、農業の知識・技術はもっていても、農業そのものに対する見方が、定年後に大きく変わる人もいる。それまでは、いやいやながら年取っていく親の手伝いをして自家の農業を守ってきたが、定年後に農業に向き合うことで、誰かに指示されるのではなく、自らが主体的にさまざまなことをやってみようとするのである。町役場を定年退職後、自分が農業をする意味や自家の田畑を維持していく意味を考えてきた六〇歳代後半の男性がいる。ある年の三月、彼の家の田んぼは満開の菜の花で、黄色い絨毯を敷き詰めたような明るさだった。

「昔はカラシ菜といって菜種油の材料として植えとったですけど、それもいつごろか止んだ、金にならないということで。最近、菜の花を田んぼの緑肥にするというのがあちこちで流行っておると聞いて、また、春先に彩りもよかしと思って、数年前から植え始めたとです。靏さんが『きれいかねぇ』と思って立ち止まってくれたごつ、見た人たちは気持ちが和んだりするとです。私も」

妻も定年退職後、朝市に参加して加工品（餅やおこわ、お総菜など）を出すようになり、彼はその材料となる餅米・小豆・各種の野菜を作る役割を担っているとも話していた。

このように、家庭菜園の維持管理やその他の農業経営も含めて、老後の生きがい、収入源、健康な第二の人生などを求めて、定年後の男女がふたたび農業へ向かう姿もある。

4 「周辺」的存在から「見えるもの」へ

農家女性の家庭菜園へのかかわり方を農家経営のなかに位置づけてみると、農家経営の変遷と密接な関連性をもっていることがわかる。家庭菜園が自給の場として、つまり、市場とは無縁で交換価値を生まないかぎりにおいては、農業経営の中心に位置する一般圃場とは明確に区別され、「周辺」におかれていた。その「周辺」の維持管理を任されてきたのは、やはり家経営のなかで「周辺」的存在である女性であった。

農業の兼業化が進むなか、家経営の柱は農業収入と農外収入の二本立てとなっていく。男性たちが恒常的勤務者として農業経営の中心からいなくなった結果、周辺的存在であった女性が農業経営の中心へと吸い寄せられた。また、朝市や無人市などの場が設けられることで、交換価値を生み出すようになった家庭菜園は、周辺的位置づけから一転して、一般圃場と同じく中心へと再配置される。家庭菜園の維持管理という同じ行為がずっと続いているようにに見えても、その行為が交換価値を生むか否かにより、そこでの労働は「見えにくいもの」にも「見えるもの」にも変わるのである。

朝市などで換金されて、労働に対する評価を明確な経済的報酬という形で受け取ることは、まさに「見える労働」として、農家女性たちの肯定的自己イメージの形成に多大な影響を与えた。おもにアンペイド・ワークを担ってきた農家女性たちのかかえる諸矛盾が、ここに明確に現れている。今後、農家女性の担っているアンペイド・ワーク、ペイド・ワークの両方を合わせた労働全体を捉えるとともに、農家男性の場合も含めて、現代日本社会における農家の生活と労働のかかえる諸問題の整理が必要である。

（1）壱岐島の農村においては少なくとも明治以降、「伝統的兼業農業」と呼ぶ農家経営が一般的であった。詳細は、靍理恵子「ムラを支える諸要因の分析―長崎県壱岐郡石田町本村触の事例―」（日本村落研究学会編『年報 村落社会研究 農村社会編成の論理と展開Ⅱ 転換期の家と農業経営』第二六集、農山漁村文化協会、一九九〇年）参照。

（2）壱岐島の農業構造改善事業導入についての詳細は、靍理恵子「農業政策推進の過程における諸問題の分析―長崎県壱岐郡石田村における農業構造改善事業の展開を通して―」（『順正短期大学研究紀要』第一九号、一九九一年）参照。

（3）壱岐島以外の例では、たとえば岡山県岡山市高松農協の事例（藤井虎雄『有機農産物をどう供給するか―岡山市高松農協の実践―』家の光協会、一九九一年）、秋田県由利郡仁賀保町農協の事例（佐藤喜作『村と農を考える―仁賀保町農協五〇万円自給運動の記録―』無明舎出版、一九八二年）などがよく知られている。

（4）この運動についての概要は、壱岐郡農協農産園芸課課長（調査当時）からの聞き取りによる。

（5）農村の高齢者の役割とアイデンティティについては、靍理恵子「農業の年寄りのアイデンティティに関する語り―農村でのフィールドワークから―」（女性民俗研究会編『女性と経験』二六号、二〇〇一年）、「複世帯制家族の変容と年寄りの位置―長崎県壱岐島の事例―」（『順正短期大学研究紀要』第三〇号、二〇〇二年）、参照。

第3章　「テマ」から「労働の主体」への変化

1　農家女性の意識と労働

本章では、戦後日本の農家女性の家における地位が「テマ」から「労働の主体」へと変化してきたことを捉えようと思う。「テマ」とは、「単なる労働力、もしくは単なる労働力としか見なされないその人自身」と定義しておく。「労働の主体」とは、「自己の労働をめぐる問題について、一定の制約はあるものの、自己の判断に基づき自己の行為選択を行う存在」としておく。これらの定義によって、農家女性の家における地位の変化を浮かび上がらせることができると思う(1)。

農山漁村の家における女性労働の重要性は、農村社会学よりもむしろ日本民俗学において、はるかに早い時期から注目されてきた。しかし、そうした重要な働き手であるとともに、女性たちがかかえていた「農村の婦人問題」については、民俗学からの研究の光は当たらなかった。この点は、民俗学の限界として直視すべきであろう。私は、農家女性がどのような意識をもちながら日々の労働に従事してきたのかに注目することで、よりリアリティをもつものになると考えている(2)。

まず、民俗学が農山漁村の「働く女性」をどのように扱ってきたのか、先行研究の整理を行う。そこでは、働く女性がどのように捉えられ、その結果、何が見えなかったのかが明らかになるだろう。それによって、社会学や女性史研究よりもずっと早い時期から女性労働を研究してきた先見性と限界が明らかになる。

次に、フェミニズムの視点に立つことで、これまで見落とされてきた「農村の婦人問題」がクリアになり、そうした諸問題と当事者である農家女性がどのように向き合ってきたのかを明らかにしたい。研究方法としては、壱岐島におけるフィールドワーク、農家女性や周囲の人びとの聞き取り、折々の新聞記事などを資料として使う。

2 先行研究の整理

(1) 民俗学と女性学・フェミニズムとの「距離」

民俗学が他の学問と比べて、たいへん早い時期から研究対象として「女性」を扱ってきたこと、研究主体としての「女性」も他の学問と比べれば非常に早い時期から数多く育ってきたことは、よく知られている(3)。しかし、研究対象として「女性」を積極的に取り上げてきたことと、その取り上げ方が適切であったかどうかは、別である。また、「リアリティのある」女性像を描き出すことに成功してきたかどうかについても、イコールではないことは言うまでもない。すでに一九八〇年代から、民俗学が行ってきた女性に関する研究を問い直す試みが少しずつ始まっている。これらは、民俗学者によるもののほか、社会人類学者、女性史研究者などによる試みもあるが、いずれも「点的」「単発的」な存在にとどまっており、民俗学研究において一つの新たな流れをつくり出すものにはなっていない。さらに、その問い直しの視点は多様で、数人の論考以外からはジェンダー視点はほとんどうかがえない(4)。

これは、人類学・社会学・心理学・文学など他の多くの学問がフェミニスト・パースペクティブの導入による根底からの変革に取り組み、それがその学問において一つの研究動向や立場を形成してきたことと比べると、たいへん大きな違いである。中村ひろ子が述べているように、ジェンダー視点からの民俗学研究はまだ緒についたばかりである(5)。

（2）民俗学における女性研究の一面性

「たくましく働く」農山漁村の女性像

民俗学には、明治期以降の農山漁村女性の労働に関する膨大な資料報告や諸論考の蓄積がある。女性たちがいかに重要な働き手であったかが、農作業や行商、日々の家庭生活のあらゆる場面での民俗事象をとおして詳細に語られてきた。ここでそのひとつひとつはあげられないが、たとえば女性の労働が研究上重視されていたことの証左として、一九五一年初版の柳田國男監修『民俗学辞典』において、「女の労働」という項目が存在していることがあげられる。また、瀬川清子の膨大な研究業績はその代表としてあげられよう(6)。

こうして民俗学において描き出された「たくましく働く農山漁村の女性たち」の姿は、たしかに農山漁村女性の一側面を捉えていると言えるだろう。とくに、民俗学が独立した学問として形成・発展していく戦後の時期に、当時の歴史学においては女性の姿そのものがほとんど見えなかったこと、また、それに対する批判として登場した女性史においても、その初期には「虐げられた女性たち」の姿がもっぱら捉えられたことを考えれば、民俗学が果した役割はたいへん大きい。しかし、それと同時に、民俗学がムラや家の中でさまざまな婦人問題をかかえていた女性たちを描き損ねた点においては、「一面的」だったという批判も受け入れねばなるまい。

半分のリアリティ

①私のフィールドでの経験から

私が既存の民俗学研究のそうした限界を主張する根拠のひとつは、自分自身のフィールドでの経験にある。私は八〇年代に入り、フィールドワークを始めた。その後、九〇年代なかばから、農家女性への聞き取り調査を続けてきた。フィールドで出会う農家女性たちの語りからは、二つのことが明らかになる。

一つは、語るその人自身、そして多くの女性たちが家々にとってまぎれもなく重要な働き手である（あった）ことだ。そしてもう一つは、まさにその同じ人が、たくさんの「農村婦人問題」をかかえつつ生きてきたことである。ここで言う「農村婦人問題」とは、農村婦人であるがゆえに生じている経済的・社会的・身体的・心理的な諸問題を指す。具体的には、農村社会にとくに根強く残る男尊女卑の思想や小規模家族経営による無償（無償に近い）労働、家の嫁としてのさまざまな苦労、農作業では一人前を期待され、そのうえに家事と子育てを担うことからくる過重労働、そのために教養・娯楽の時間が男性と比べて極端に少ないこと、などがあげられる。

現在でも、六〇歳代以上の農家女性たちからは、「テマ」という言葉をごく普通に聞くことができる。自分たちが「嫁」だったころについて話してもらうなかで、「テマ」「オテマ」という言葉が頻繁に出てくる。それはあたかも、嫁の地位を端的に表すキーワードのようだ。テマの意味を尋ねると、みな、口をそろえて「単なる労働力を意味する言葉だ」と言う。

昭和三〇年代までに農家に嫁いだ女性たちの多くが、舅や姑あるいは小姑たちから、日常的にテマとして扱われた経験をもっている。それは、舅や姑の指示どおりに動く（働くではない、動くである）だけの存在、婚家の農作業や農業経営、農業以外の働き（土木建設作業、野菜や花などの行商や朝市、魚の加工作業など）、家事全般などに関して、労力を提供するだけで、何の参加も意見表明もできない存在としての自分である。報酬は決まったものはなく、「一

アキナイをする農村女性（壱岐市勝本町の朝市）

生懸命働いてあたりまえ」であり、経済的・精神的両面においてほとんど評価らしい評価を受けてこなかった。労働の主体性を奪われたこうした扱いの記憶は、「ただ牛や馬のように使われるだけだった」という、非常にみじめな思い出として語られる。

たとえば九八年の春、壱岐島で農家女性によるアキナイ（野菜や花などの行商にマチャウラに行くこと）について尋ねていたときのことである。場所は壱岐島内で一番大きな郷ノ浦町の港付近。昭和初期にはすでにこの場所でアキナイが行われ、現在まで続いてきた。日曜以外はほとんど毎日、付近の農村部（半農半漁村も含む）の女性たちが、朝六時すぎから集まって来て、午前一〇～一一時ごろまで「店」を開く。

私が訪ねたときは、五〇～七〇歳代の女性たち十数人がアキナイをしていた。そのうちの一人、七〇歳前後の女性が話した。

「もう、何十年もここに来てアキナイしちょっと。始まりは、私がまだ若かったころ、嫁に来てしばらく経ったころ、姑さんから『お前もそろそろアキナイにいたちみんで（行ってみないか）』と言われた。姑さんに言われて、嫌々行きよったとよ。楽しみ？　なんの楽しみのあろうね。売り上げも、そっくり姑さんに渡すとやけん。（野菜が)売れ残って、自分のお金(実家からもらったわずかなお小遣い)を足したりしたことも、なんべんもあった。そりゃあ、いまの朝市のごと(ように)、自分で自分のよかごと売りに行けるとなら、売れても売れんでも楽しかろうけど、そうじゃなかとやけん、(姑さんの)命令、命令やもん」

すると、近くでこの話を聞いていたほぼ同年代の女性たち数人が話に加わってきた。

「そうそう、うちもそうやった。帰りに、ジュース一本買うちゅうこつもできんやったよ。(私が家に帰ったら)姑さんが売れた品物と金額を数えさすけん、計算の合わんやったらおおごと(大変)」

「ほんに、いややったねえ。ばってん、わが(自分)で自由にするごとなってからは、楽しかと、アキナイは」

「そうそう、わがでよかごと(自由に、好きなように)できるなら、アキナイは楽しかよ」

なかには、「あんたたちのとこはそうやったと? うち(私の家)は、早うから姑さんたちがうち(私)たちに任せてくれさしたけん(くれたので)、自由にできちょったよ。そうな、知らなんやった。大変やったとねえ」と言う女性もいた。

そして、一人が話をこうまとめると、その場にいた女性たちはみな大きくうなづいていた。

「同じことばってん、大違い。ぜーんぶ言われて、いちいち命令されてアキナイするとと、任されたり、わがで自由にできることとは、同じことしょうるごたるばってん、全然違うと。受けとめ方っちゅうとかねえ、わが心の気持ちのもちようが」

以上は、私がフィールドで見聞きしたことのほんのひとこまである。

壱岐島のアキナイの報告は、山口麻太郎の『壱岐島民俗誌』ですでになされているが、こうした婚家での嫁の位置づけを表す記述は見あたらない。壱岐島に限らず、このように嫁が姑や舅の指示や命令でアキナイに行かされていたことは、これまで報告されたことがあるのだろうか。(7)

②丸岡秀子・江馬三枝子らの研究

民俗学が描いてきた農村女性像は一面的なのではないかという私の主張を支える二つめの根拠は、昭和一〇年代の先行研究にも求められる。それは、丸岡秀子の『日本農村婦人問題』、江馬三枝子の『飛騨の女たち』『白川村の大家族』である。柳田國男とほぼ同時代に研究活動を始めていた丸岡や江馬らの研究には、農家女性たちがかかえる「婦人問題」へのまなざしがしっかりと存在する。丸岡らは、女性の労働力の重要性とともに、家の中での嫁の圧倒的な地位の低さや姑の相対的な権力のなさなどに象徴される農山漁村の「婦人問題」をも描き出している。

にもかかわらず、そうした丸岡や江馬らの研究が、民俗学における「主流」ともいえる女性研究に影響を与えた形跡はほとんどうかがえない。柳田を筆頭に、瀬川清子、能田多代子、大藤ゆき、鎌田久子らの研究は、どれもが女性の働きを大きく評価するのみで、「婦人問題」との結びつきはほとんど見られないのである。不思議なことに、いや、だからこそというべきか、丸岡と江馬の研究は民俗学においてほとんど評価されていない。そして、柳田の没後、七〇年代以降、他の多くの学問が女性学およびフェミニズムの影響を受けていくなかにあっても、民俗学においては、ほとんどその影響をみることができない[8]。

なぜ「主流」の民俗学では、女性たちのおかれていた社会状況や家・ムラ内での状況に目配りすることなく、女性たちの働きぶりのみを強調することになったのかは、すでに別稿にて論じているので、ここではこれ以上立ち入らない[9]。いずれにしても、「主流」の民俗学においては、農家女性をテマ（＝単なる労働力）として捉えることに失敗していたことは明らかである[10]。

③「主流」の民俗学におけるテマの捉え方

しかし、これは民俗学が「テマ」を研究対象としてこなかったことを意味するものではない。一見、素朴ではあるが、民俗学の着眼点をもっとも端的に表しているもののひとつに、民俗語彙集がある。民俗語彙のなかから「テマ」に関する項目を探してみると、『改訂 総合日本民俗語彙』第三巻に、「テマオカマエル」という項目がある。婚姻に関する語彙として分類されており、「広島県山縣《やまがた》郡で嫁や入婿を貰うことをいう。手間は労力である。嫁取りは家のためには労力を求めることでもあった」とある（民俗学研究所、一九五五年、九九七ページ）。関連する項目として「テマオヤトウ」もあり、「山口県阿武《あぶ》郡嘉年村（阿東《あとう》町）で、嫁を連れて来ることをいう。それから二、三年たって披露をし、その間は奉公分のような待遇をする例が多かった（山村手帖）」とある（同書、九九七ページ）。「テマモライ」は「ヨメをテマと呼ぶ所はあちこちにあり、飛騨の白川村もそうであるが、ここでは嫁取りを手間貰いという」（白川村の大家族）（同書、九九八ページ）。

そのほか、地方自治体が編纂する市町村誌（史）の「民俗編」などでも、テマに関する資料報告がなされている。たとえば岡山県苫田《とまた》郡上斎原《かみさいばら》村の『上斎原村史（民俗編）』「通過儀礼 妊娠」の章には、「嫁は婚家にとっては、手間をもらったことでもあるが、婚家の跡継ぎの子を産むことが、一つの役目であった」とある（鶴藤鹿忠、一九九四年、一〇一五ページ）。また、同書の「通過儀礼 婚姻儀礼」の章では、こう書かれている。

「明治時代までは結婚は早く、女性は十代であった。男性は、明治時代になると、満二〇歳で徴兵検査を受けたが、それまでに結婚している者は、珍しいことではなかった。また、二年間の兵役を終えてすぐ、というのも少なくなかった。嫁をもらうと、『お手間（てま）をもらわれて、おめでとうございます』と、お祝いをいうように、仕事をする人を増やすことであった。手間をもらうのだから長男は、結婚年齢が早かったが、次男や三男はやや遅れた」（一〇四三ページ）

このようなテマに関する記述が示すとおり、嫁がテマと呼ばれ、労働力として扱われていることは、民俗学研究者に見えていた。しかし、その語彙のもつ意味、嫁の婚家での地位や役割、そこにある諸問題などについての記述は、見当たらない。それは、見えなかったのかもしれないし、民俗学で扱うべき問題ではないとして、あえてふれずにきたのかもしれない。

3 テマとして扱われた農家女性たち

ここでは、壱岐島での聞き取りや地元新聞記事などをとおして、農家女性たちがテマとして位置づけられていたことをとらえる。壱岐島は、私が一九八四年以降、継続的に調査を行ってきたフィールドである。調査者である私と被調査者との人間関係がかなり形成されており、質・量ともにかなりのデータの蓄積およびそれに基づく論考があること、地元ローカル紙『壱岐日報』の記事によって聞き取りの内容を補足できること、などの理由から壱岐島の事例を選んだ(11)。

テマとしての位置づけ

一九五七年一一月一六日の『壱岐日報』で、山口麻太郎は「壱岐の婦人たちは愁える1」と題して、テマとして扱われている農家女性たちの声を紹介している。

「勝本町婦人会員の文集『いづみ』はいろいろの問題を含む興味深いものである。たどたどしい筆を以てひかえめがちにつづられた百七篇のうち、生活白書ともいうべき告白文が最も多く四六篇、実に四割弱を占める。(中略)姑との関係では、すべてが親という地位の圧力と古い秩序に拘束された不自由の苦労を愁えている」

そして、『いづみ』から数人の女性の文章を引用する。

「いくら働いても、三度食べて寝るばかり、一文の得にもなりはしない。よくまじめに私たちはきばるのね」

「これが自分たちの計画して進んで行く仕事だったらどんなに張り合いがあって楽しいだろう」

「何の楽しみも向上もなく、誰だってこき使われているとしか考えない。これだけ働いて、これだけ残って、あもしたい、こうもしたい、子どもたちのねだる夢も叶えてやりたい。親子揃った食膳には、せめて私のあみ出した栄養料理の一品でもかざって見たいものを、ああほんとうに夢でしょうか」

また、六〇年四月二六日には、「農業時言　壱岐の農業発展のために　女子農業教育の重要性」という記事がある。「とくに、ここで強調したいことは、農村女性の教育ということである。農村における女性は、例外なく農作業の一端を負担しているわけであるが、現在の彼女たちに農業についてのどれだけの知識と技能があるだろうか。ただ命ぜられるままに牛馬のごとく唯々として作業に従事するのみであろう。女性の農業教育が普及してその結果、農業に対する深い理解と経営実力、技術これに郷土愛に対する精神面を掌握せしめたならば、今後の農村の発展にどのように貢献されるかは言うまでもない。優秀な若者たちが、農村を捨てて都会へ都会へと出ていくことも、もし教養と農業に理解ある立派な女性が農村に居るならば、若者たちもまた農村にとどまることになろう。各町村の社会教育なども、農村子弟、殊に農村女性の農業教育をどのように取り上げるか、今後の重要な課題といえよう。為政者も道路を作り、港湾を作ること以上に、人間を作る教育の重大性を一層認識しなければならない」

ここには、当時の農村における女性が、農業についての知識や技能が乏しいまま、命じられるままに「牛馬のごとく唯々として作業に従事するのみ」と記されている。これは、私が行った聞き取りでもごく普通に確認できる。たとえば、舅や夫といった家の長が営農類型・年間の作業計画・日々の労働日程などを細かく決めており、家族員は長の指示に従って動いていたという。そのために、農業経営や営農に関する知識も技術もただ見よう見まねで獲得するしかなく、さらに、農閑期にどのような稼ぎ（農業以外の仕事をして、賃金を得ること）をするかも、家の長の判断の範囲内にあったと語られる。

自由にならない生活時間

テマとして使われているというのは、単に農作業時間中だけのことではなく、一日二四時間のすべてが家の長の管理下にあることを意味する。そのために、一日の生活時間が自分の自由にならず、身体面・精神面でさまざまな問題をかかえることとなった。

まず、問題視されていたのは、農家女性の長時間労働と、それによる慢性的な疲労である。一九五三年一二月一日の「論説　農家の婦人の休養」には、それが端的に書かれている。

「壱岐の農村に於ける婦人、とくに主婦の労働条件は依然として旧態然として飽く迄戸主に対する従属的農奴の感を深くする。人間としての基本的人権に立った婦人の地位は、憲法でも保障され乍ら且又こうした理想は達成のために日夜奮闘を続けている婦人会幹部の努力にも拘わらず、未だしの状態である。朝は家人の誰よりも早起きをして、食事の準備や野良仕事のための必要器具の整備に、夕は夕餉の後始末は勿論、農具の片付けを終えてほっと床に就く時は、消燈の合図であると言った毎日を繰り返す。近時農村が機械化しつつあることは真に喜ばしい現象であるが、これとて極く一部の農家丈であって、農協等に於いて是非これを促進して貰いたいものである。こうした家庭の主婦は、当然の帰結として過労は避けられない。（中略）これを打破するためには、先ず、農家同志の労働を搾取し合わないことである。そして、農家の機械化に依る余暇の発見に努めて、前日の労働を翌日までには必ず回復するよう農家の婦人は勿論、男性側の深い理解と協力を祈って止まない次第である」

それから一〇年後、六三年一二月六日掲載の記事でも、農家婦人の重労働はさほど変わっていない。「新生活講座④農家婦人の重労働を救うカギ」では、次のように書かれている。

「日本の農業の近代化をいうとき、作業の機械化、経営の合理化、生産性の向上という点だけに視線を注ぎすぎていないか？　最も重視されなければならないのは、農家の人間それ自体の前近代性の克服ということでなければならない。農家婦人の労働問題解決のカギは、まず婦人自身がそれに忍従することをやめるところにある。そこから出発し発展した機械化であり、合理化であり、共同化などなどであるならば、そのなかで農家婦人は農業をいとなむ主人公として、回復された人間性と確立された個の上に、明るくゆたかな生活を築くことができるはずである。そして、このときが、ほんとうに過重労働から解放された日なのである。それはまた、日本農業の近代化達成のときでもある」（渡辺智多雄＝元読売新聞）

聞き取りでも、「子どものおしめを換えながら眠ってしまってて、はっと気がついたとき、行燈の火が畳を焦がしていて、あやうく火事を出しかけたこともある。眠かったとね。働いて働いて、子どもの世話をしながら、ふっと気が抜けて……」といった話は数限りない。

睡眠時間の不足以外にも、男性たちと比較すると、女性たちはより多く生産労働、家事に明け暮れる毎日で、教養・娯楽の時間などはほとんどないという現実があった。聞き取りでも、こんな声も多かった。

「新聞は取ってあったけど、読むのはおじいさん（舅）とおとうさん（夫）くらいで、『女が新聞なんて、嫁が新聞なんて（読むものじゃない）』という雰囲気だった。世間のことも、何でも、女はうとかった。ラジオもじーっと聴く時間もなかった、女には」

「何も知らんけん、口では負けるもん。黙って聞いて、したごうて（従って）」

山口麻太郎（婦人少年室協助員という肩書きで執筆）は、六〇年四月一一日・一六日掲載の「婦人の自由時間に（1）（2）」で、述べている。

「家庭生活の全面的な実権を家長がにぎり、主婦や他の家族たちは隷属的に家長の命によって労働に従事するというのが、新憲法以前の長い間の日本人の生活の実態であった。それで、今も尚惰性的にその状態が続けられている家庭がかなり多い。然し、それでは主婦の『生活時間の自主的な設計』など思いもよらぬことであろう。今年の婦人週間の目標を達成するためには、まず第一に、主婦に『生活時間の自主的な設計』をなし得る地位が家庭内に与えられねばならない。壱岐の農村などでは、前述のような事情から、実は、婦人の地位どころではない生産活動と消費生活の分野が全く未分化の段階にある。朝から晩まで、夫も妻も、老人も子供も、生産のために、あげてただ働かねばならない。その生活は只命をつなぐだけで、睡眠さえ満足にはとれない」

さらに、一六日のコラム「竿頭一進」も、こう述べる。

「今年もまた十日から婦人週間が始まった。今年の労働省が示したスローガンは、『もっと自由な時間を持つようにしませう』である。……いまだにこのようなスローガンが出されることは、強くなったとはいえ、まだまだ婦人の地位が低いことを示すものといえよう。炊事をはじめ、育児、つきあい、その他一切の家庭内の雑用が一切主婦の肩にかかっていることを思うと、自由な時間というものは、なかなか見いだしにくいようであるが、工夫次第では婦人が一日のうち、せめて二、三時間の誰にもわずらわされない時間を持つことはさして難事ではなかろう。しかし、ここで問題になってくるのは、農村の婦人の場合である。農村の婦人は、育児、炊事、その他家庭内の雑用を受け持っている上に、牛に飼料を与えたり、田畑に出て働くという生産部門を受け持っているので、現状では、おそらく一時間の自由時間も得られないのではなかろうか。都会の婦人たちが、如何に自由な時間を持とうとも、この農村婦人のために自由な時間が得られないとすれば、せっかくのスローガンも無意味なものになる。では、農村婦人に自由な時間を与えるにはどうしたらよいかということになると、これはもはや婦人だけでは解決の出来ない問題である。即ち農業の生産方式を機械化、その他の方法によって合理化して、無駄な努力を節制して、自由な時間に処すより外に農村婦人の自由な時間は得られまい」

決まった小遣いも報酬もない

テマとして扱われる一方で、決まった小遣いも報酬もない。それがいかに本人たちのやる気を削いでいたかが、新聞記事や聞き取りからうかがえる。七二ページで紹介した一九五七年一一月一六日の山口の文章には、「姑の理解がないのか、私たち長男の嫁はこづかい銭にも不自由します。何もアメなど買うのではなく、脱脂綿を買う四十円にも少し理解がほしいと思います」という農家女性の不満も紹介されている。

聞き取りでも、実家の親から小遣いをもらう以外には、ほとんど自由になるお金を持つことはなかったと聞いた。自分のものに限らず、子どもの衣服・学用品など最低限必要なものでもすべて、姑さんに使途と金額を言っておうかがいを立てなければならなかったことがいかに不自由であったかが、語られた。

ただし、こうした扱いは、嫁だけでなく、その夫や青年など、家計を任されていない農家の成員すべてに共通していた。山口は、五七年一〇月一六日掲載の「村の青年たちのカウンセラーは(1)」で、厳しく現状を憂えている。「(農村青年は)職業につくとはいっても、父なり兄なりが経営する農業に、一従業員、それも無報酬の家庭従業者として、悪く言えば、農奴としての地位につく訳である。(中略)家の人たちの指図に従って仕事について回り、家の人たちの計画に無条件で参加し、その作業も考え方も習慣となった伝統に馴れる事であり、服従する事である。(中略)自分の意志を働かし、自分の力を伸ばし、独創をたて、自分の悦びを悦ぶなどという事は望みもよらぬのである。自我が漸く成熟し、固定しようとする年齢にありながら、いかに自我を殺し、自我を失い、目をつぶり、成長をとどめ、声を押しつぶすかにつとめねばならない。(中略)青年たちは、二言目には、社会や親に理解の無いことを訴える。家計や営農についても自分が参画しないから分からぬという。営農や生活の改善、新しい技術や器械の導入については及びもよらぬことのようである。農閑を利用して、よく日雇い稼ぎに出ているが、その収入はどうするかと聞いてみると、ほとんど全部が親にそのままやると言う。小使い銭はどうするのかといえば、いちいち親に言って貰うのだという。青年学級で学んだ新農法を実際に試して研究してみてはどうかというと、良いことはわかっているが、もし失敗した時、やられるからという。自由に起居し、自由に思索し、自由に友だちを呼び入れて語ることのできる自分の室を持っている青年はきわめて稀である。誠に感心な青年たちであるというよりほかはない」

また、六一年一月一一日掲載の「論説 成人の日の青年たちに寄する」にも、こう述べられている。

「家長権の強い家では、息子の発言権が全然なく、妻の扶養どころか、小使い銭を与えることもできず、子供の養育、教育のごときも老人たちの支配を受けている。息子にそれだけの実権がなく、妻が舅、姑の不当の圧迫を受けても、それをはねのけて妻をかばうこともできず、そのために遂に悲境に追い落とすというような事例もかなりあるようである」

さらに、六三年八月六日掲載の「日報時評 親の道、子の道」は、同日に掲載されたある事件を受けての社説である。(12) テマという扱いゆえの親子の葛藤を端的に示している。

「農村における親子の不仲について　子の問題は、父親と長男との場合が多い。長男は旧来の慣習に従って家の相続をすることになっていて、多く家に残って家業を手伝い、早くから嫁を持たされ、子供もできるのである。親は息子もその嫁も家の働き手として考え、とかくその独立も人格も認めようとしない風がある。自分のみの考えで家族全員を無条件に服従させようとする。妻は夫婦であるから、我慢もできよう。また、融和の機会もあろうけれども、父と長男との間は、対等意識となり、対立的になり勝ちである。一人前の男子として、一家の主として、父親として、いちいち親の指図を仰ぎ、言いなりになっていることはできなくなるであろう。こうして、反抗したり、独断でやったりすれば、更に気に入らなくなる。はては、ことごとに怒り罵り、間には嫁ができてから悪くなったと思ったりする。息子が嫁と仲良くすることも嫁にアマイなどと言って、親の気に入らないことがある。二・三男がある場合には、長男を疎外して、これを無視することも少なくない。善い悪いがどちらにあるにしても、相当の年齢に達し、妻有り、子有る息子の、家庭的社会的立場を認め得ないということは、親の不徳というほかはあるまい。（中略）自殺するというのも親の無理解に対する子という弱い立場の精いっぱいの反抗であったろう。親にとっても、子にとっても、こんな忌まわしい問題は早く一掃してしまわなければならない」

育児は仕事の合間に

昭和三〇年代ごろまでの子育ては、農作業の合間に行われていたというのが多くの人たちの語るところである。そのころ子育て真っ最中だったある農家女性から、以下のような聞き書きを得た。

「子どもが小さいうちは、子どもの世話もあって、なかなか一人前には仕事ができない。それは、いまからすればあたりまえだと思えるし、まわりもそう見てくれるだろうが、当時は半人前という感じだった。自分自身では子どもの世話もしたいし、でも家の仕事もちゃんとしないと肩身が狭いし、何にしても中途半端な感じで辛かった。いまでもときどき思い出す、悔しかったこと。子どもが小さいころに、田植えの時期のこと。まだ寒いころなので、子どもを柳行李に入れて畦に置いておくと、寒かったり寂しかったりで、泣き止まないことがよくあった。それで、『（田んぼに）おっても役に立たんけん（居ても役に立たないから）、もう家に帰っていい』と言われて、子どもと二人で泣きながら家に帰った。そのあと、姑や小姑たちから『苗ひき（田植え用の苗を取っておくこと）しとらん。ねえさんはだいぶ前に帰ったのに、遊んで何もしとらん』と怒られたり、嫌みを言われたりしたことがある。遊うじょる（遊んでいる。農作業をもう引退したという意味）年寄りがおる家では、孫や曾孫の世話をしてくれることが多かったが、私の婚家は年寄りがいなかったので、子どもの世話と農作業の両方を私が一人でせんといかんで、大変だった」

この話からは、子どもの世話は母親ではなくおもに高齢者が行うが、その高齢者がいないと母親がすること、母親は農作業でも一人前に働くことを期待されていたために、農作業と子育てとどちらも中途半端で苦しい状況が生じていたことがわかる。そこで、保育所や託児所が開設されたという記事が掲載されている。

「県では、農繁期にあたり寺や民家などを利用して臨時保育所を設置するよう呼びかけている。期間は二五日間で、一日経費四五〇円の二五日分、九〇〇〇円に対し、県が六〇〇〇円を補助する」(「農繁保育所県が設置奨励」一九五九年六月一六日)

「猫の手も借りたい田植えの農繁期となって、芦辺町深江部落では、例年臨時の托児所を設け、各農家から喜ばれているが、今年も来る二十日から深江触公民館で開くことになった。また、箱崎大左右《たいそう》触、本村《ほんむら》触、江角《えすみ》触でも去る十五日から開設している」(「芦辺町で托児所開設」六〇年六月一六日)

昭和二〇～三〇年代に子どもを生み育てていた経験をもつ人たちは、口々に語った。

「子どもと遊んでやるち(などは)、なかなかしわえんやった(できなかった)、時間のなかったと」

「交通事故や水の事故、親などの目が届かんで起こる事故も、ときどきあった。そばでついて見てやっとったら、起こらんやったかもしれん、と悲しい気持ちになることもあったと」

「いまのお母さんは、子育てだけしとけばいい、それが仕事と言うちもらえるとに(言ってもらえるのに)、なしてそれが不満か、私たちにはわからん。子どもにかまっちゃりたかねえと思っても、できんやったけんね。子どもの相手しちょったら、『遊うどる』て言われとったけん」

農家の嫁の楽しみ

農家の仕事は天候に左右されるから、雨の日や農閑期（冬の間）には比較的休みが取れることもあった。それは、農家の嫁にとって何よりの楽しみでもあったという。ただし、なかには、雨の日も農閑期も関係なかった、という話も聞く。とくに、昭和ひとけたの女性たちがよく似た経験をしている。

ひとつは、個々の家で話の詳細は違うが、「雨の日の簑」という話だ。

「雨が降ってきたので、今日は家で子どもの服を縫ったりできる、とほくほくしながら戻ったら、舅さんが簑を着てまた出ていった。あのときのショックは、いまだに忘れん。もうほんとにショックやったと、ほくほくして喜んでたら、簑……」

もうひとつは、いろいろな仕事をさせられたという話。

「雨の日に簑まで着てはしたことはないけど、いろいろ用事を言いつけられて、自分の時間はなかったね。雨の日だから、タンスの中の整理をしたり、繕い物したり、自分の時間があるかな……と思っていると、なんやかんや仕事をさせられた。縄ないとか草刈り。草はまだ短いのによ、まだよかろうもん、と思っても言い出せんでね」

その他の楽しみは、実家に帰ることだったと言う人は多い。こんな記事や聞き取りがある。

「私は漁家の長男の嫁でございます。女一人、男一人の子供と姑に仕え、毎日を子供の洗濯に追われ、イカ干しに精出し、ただ楽しみとしては里に帰り、骨伸しをすることと、夜寝ることだけで、映画なんか思いもよらず」（一九五七年一一月一六日の記事）

「実家には、寝に帰っていたようなもの。母に甘えていた。実家に帰ると、ほっとしていた、本当にほっとね。ふだん、舅さんや姑さんに気をつかっていたから。でも、あんまりのんびりはしとけんと、早く帰らんと、あとで婚家で嫌みを言われる。帰る日は、もう朝早くに出て午前中には婚家につかんといかん。昼過ぎや夕方などに帰ろうものなら、『いつまでおるとか』『今日は戻らんかと思うた』などと言われた。里の親は親で、子どもが、私らがかわいいから、『もうちょっとおってもよかたい（もう少し居てもいいんじゃないの？）』と言うし、親の声に心を引かれつつも婚家に戻っていた。でも、里に帰るのは本当にうれしかった」（聞き取り）

楽しみとして、子どもの成長をあげる人も多い。

「ただ子供の成長を楽しむほか、経済を握らない私共には予算の楽しみも決算の苦しみもありません。学籍に在る子を親としてせめて学費位は自立して見たく思うのは行き過ぎでしょうか」（五七年一一月一六日の記事）

そのほか、運動会が農家婦人の年に一度の大きな楽しみだったこともわかる。

「勝敗よりも親睦を目的として昨年から開始された全国にも珍しい第二回郡連合婦人会運動会は、絶好の秋日和に恵まれた。九月二十七日、那賀小学校で開催された。本年は、十二ヶ村もれなく参加、この日、家庭から解放されて集まる女群五千、運動場は人の山で、熱狂した応援の声々が……」（五三年一〇月一日の記事「郡連婦人会大盛況 秋空の下に 張切る五千の女群」）

聞き取りでも、同様のことが確認できる。(13)

さらに、昭和三〇年代以降は、何とか仕事のやりくりをつけ、家族に気兼ねをしながらでも、各種の学習会や会合へと出かけていく女性が増えていった。とくに、農家の嫁たちにとって外出の大義名分となったのは、農協婦人部の会合である。家族計画、料理教室、家計簿の付け方、編み物教室など、おもに家庭の主婦として家族の健康や幸せのために栄養バランスの取れた食事・家計の管理・衣服の調達などに関する知識・技術を身につけることが目的とされていた。

「婦人部の会やサークル活動は、何よりの楽しみだった。ふだんは家にいて農業だけの毎日だから、そのときだけはうれしかった。会のある日などは、その日の仕事や夕ご飯をささっとしまって、後片付けをして、うきうきして出かけた」

「何かを勉強して自分が向上するちゅうごたるこつが、楽しみやった。(学ぶ機会に)飢えとったとね、農業ばっかりする毎日やけん」

五九年二月二六日掲載の「若妻会で明るい部落」では、若妻会の活動によって部落が明るくなったということが報じられている。

「有安モデル婦人学級　郷ノ浦町公民館から三十四年度モデル婦人学級に指定された沼津有安婦人学級では、二十五日午前十時から玉泉寺で懇談会を開いた。当日は同町公民館立石主事ほか町内各婦人会幹部が出席、生花や料理展その他同婦人学級一年の歩みが色々発表された。特に若妻会の発表は珍しく有益だった。若妻会とは、昨年十月、農村で問題の多い、嫁姑間の理解をお互いに深め、明るい家庭を築こうという目的で崎辺支部内十二名の若妻が毎月四日公民館に姑同伴で集まっていろいろ語り合ううちに、お互いの理解を深めてきた。そのかいあって、次第に姑の出席もよくなり、部落全体が明るくなった」

こうした活動が、その後どのように展開されたかは、現時点での聞き取りでは明らかにできなかった。しかし、それから十数年後、農協婦人部活動のなかに若妻会が組織され、農家の嫁たちの教養・娯楽の機会として、また社会的な活動の場として、さらに同様の立場の者同士の横の連帯をつくる場として、たいへん重要な活動の場となっていったことは、注目しておかねばならない。

以上、聞き取りや新聞記事からは、無償労働組織であり、生活経営体でもある農家においては、青年も女性もテマとして扱われていたことがわかる。そして、その扱われ方ゆえに、自分でものを考え、判断し、行動するという行動パターン形成から疎外されがちであったこと、そのために働く喜びをはじめ、生活のなかにさまざまな喜びを感じにくい日常であったことがわかる。

自分でものを考え、判断し、行動するという行動パターンをもつ個人を、自立した個人と言うとすれば、青年にせよ女性にせよ、農家においてそうした自立した個人が登場するのは、昭和四〇年代になってからである。それは、昭和三〇年代から日本社会全体において進行していった農業の兼業化のもとで、家の長が労働組織および生活全般を統括するというやり方が崩壊していったプロセスと不可分のものである。[14]

4 無償労働組織の崩壊と女性労働の位置づけの変化

(1) 兼業化の進行と無償労働組織の崩壊

壱岐島は明治以降、伝統的兼業農業の歴史をもつ。[15] だが、昭和三〇年代に入って進行していった兼業化は、それまでとはまったく異質なものだった。従来の伝統的兼業を支えていた、農業が主たる生業で、日雇いその他の賃労働は生活を支えるための稼ぎという感覚の消失が起こったのである。農業の経済的・社会的価値づけが大きく下がり、農業以外の仕事への従事が望ましいこととされていった。そうしたなか、まず、若年層から農業以外に定職を求め、続いて中年男性たちが安定した農外就労に従事していく。その過程で、各家ごとに存在した無償労働組織が崩壊し、かあちゃん(農家女性)が主で、じいちゃん・ばあちゃんが手伝う、「三ちゃん農業」が誕生した。

こうした動きは、農家経営における農業の地位を大きく低下させたと言えるが、また別の見方もできる。つまり、家の中からかつての無償労働組織の長である夫が抜けることで、その補助者にすぎなかった女性が、農業者として一人の責任ある主体として行動することを求められる現実に投げ込まれたのである。そして、それにともない、女性たちの意識は大きく変化していった[16]。一番大きな変化として女性たちがあげるのは、自分で考えて自分で決めるということである。

日々の農作業について、シュウトサンたちの指示に従っている間は、ある意味では楽でもあったが、シュウトサンたちが年を取り、いよいよ自分自身が主になって農業をするようになると、責任の重さとともにやりがいも感じるようになっていく。夫を当てにしていると、農作業の手順や日程が狂いやすい。たとえば、高齢になるほどバイク・自動車の運転に始まり、農業用機械類の操作にはまったくノータッチという女性が多い。だが、夫が農外就労をしていると、不便なことも多く、必要に迫られて女性自身がバイク・自動車の運転や農業用機械類の操作に通じていった例が多く見られる。また、作業日誌や農作物の種類・栽培技術その他も積極的に身につけていくことになる。こうした積み重ねが、一人前の農業者としての自信形成につながっていった。

また、家計収入全体に占める農業収入の比率の低下は、農業に従事する人たちの発言力を弱め、逆に農外収入の稼得者《かとくしゃ》の発言力を強化することになった。これは、家計構造の複雑化、財布の複数化をもたらした。さらに、農家女性たちは、前述したように一九八五年ごろから始まった野菜の無人市や朝市などへの参加によって自分個人の財布を獲得し、テマから労働の主体への変化はいっそう進んだ。

こうして、社会全体の変動のなかで、壱岐島の個々の農家においても、嫁たちの家や農業経営における地位や役割が大きく変化していく。とくに、専業農家よりも兼業農家においてそうした傾向がまず進行していったことが注目される。それは、逆に言えば、専業農家においては無償労働組織としての側面が残り続けたことを示している。

次に、兼業化の進行によって、かなり早い時期から兼業農家の農業責任者として生きてきた二人の女性の例をあげよう。

壱州味噌の加工場で味噌を詰める長岡さん

（2）テマから労働の主体への変化

長岡妃美子さんの場合

長岡さんは、一九三〇（昭和五年）生まれの農家女性である。壱岐島内では一、二と言われる大手の建設会社社長宅に生まれ、富裕な農家の三男で長崎県職員の夫と結婚。新婚生活は、県職員という夫の安定的な身分や収入に支えられてスタートした。当時の多くの農家が農業に頼る生活を送っていたのとは、かなり異なる状況である。しかし、その後、ある事情で夫が実質的なあととりとなり、非農家の暮らしから一転して、舅・姑や小姑に囲まれて不慣れな農作業と子育てをする農家の嫁としての生活が始まる。「ほんにしあわせのよかと（幸せなの）」と正反対のことを言って、当時のことを笑い飛ばす。

長岡さんは農業の経験はほとんどなく、またシュウトサンたちからも農業者として農業を教え込まれることはなかった。まさに、農家の嫁＝テマとしての扱いを受けていたのである。しかし、さまざまな面で協力的な夫に支えられて、自家の農作業のかたわら、農協婦人部活動に積極的に参加し、共同炊事、共同保育、共同田植え、女性同士の横のつながりなどを深めていった。農協や農業改良普及所の指導員、近所の農家などから教えてもらったり、自分で勉強したりして、農業全般についての知識・技術を獲得するとともに、農家女性の置かれている状況とその乗り越え方についても理解を深めていく。

明るくユーモアあふれる人柄、知的で行動的な長岡さんは、農家女性たちのなかでしだいにリーダー的存在となり、農協婦人部の各種役員を一八年にわたり務めた後、九九年には三年の任期で壱岐郡農協初の女性理事二名のうち一人に就任する。そして、味噌その他の加工部門での活動や各種の親睦・娯楽講座などを自ら率先して行ったり企画したりするなど、壱岐島の農家女性たちに多大な影響を与えてきた。また、地元の石田町においては常設の野菜の無人市、毎週日曜に農家・漁家の女性たちを中心とする朝市を開くなど、農家女性の活動の場を創出し、農業や町の活性化にも大きな成果をあげてきた。

さまざまな困難にぶつかっても、前向きに一つひとつ取り組んできた長岡さんの生き方に影響を受けた農家女性は多いと言われている。

山内アイ子さんの場合

アイ子さんは、一九四一(昭和一六)年生まれの農家女性[17]。長岡さんの影響を受けた後の世代の一人である。昭和三〇年代なかば、高校卒業後すぐに結婚。夫は農家のあととりだったが、国立大学卒業後小学校教諭となった。その当時、すでに農家の嫁になることは敬遠され始めており、そのせいか、相手方からの話では「農業はしなくてもいい、息子(夫)の世話だけしてくれればいい」と言われたという。

しかし、実際に嫁いでみると、体の弱い姑はあまり家のことができず、舅に「農業の一切を仕込まれ」、家事全般もアイ子さんの仕事となった。農家の生まれとはいえ、「末っ子で甘やかされて育ったので」ほとんど家の手伝いをしてこなかったため、最初は不慣れな農作業に大変な苦労もした。当時の農家の嫁たちと同様、自分の自由になる時間がなかったが、他の家とはかなり違っていた点もある。

まず、舅が本気で農業を教えてくれたこと。舅からしてみれば、自分の息子は学校の先生で、定年まで勤めることがわかっている。となれば、その息子の嫁を「山内家の農業のあととり」として仕込まなければ、という思いだったのだろうとアイ子さんは話す。それで、アイ子さん自身、「単なる手伝い」というより、自分が（教員の夫に代わって）「山内家の農業のあととり」という意識をもたせられたし、実際もっていった。機械化がどんどん進んでいった時期であるが、舅はトラクターが来て説明を聞くときも、アイ子さんをその場に呼んで、「お前もちゃんと聞いちょけ。乗らんばらんけん（乗らなければならないのだから）」と言ってくれた。アイ子さんは、自分のことをおじいさん（舅）が認めてくれていると思い、とてもうれしかったと話す。

次に、舅がよく気づかってくれたこと。アイ子さんは言う。

「おじいさん（舅）はきつかった（厳しかった）けど、かわいがりもしてくれた。手綱の操り方が上手やったとかねえと思う。田植えの後とか、湯ノ本温泉（隣町）に一日連れて行ってくれた。手作り弁当で牧崎（海の近くで景色の良い岬）に行ったり、ピクニックのごとね。おじいさんには洒落たところがあった。そのころ、農家で骨休めに温泉に家族で行ったり、弁当もって遠足みたいにしたり、そんなことはほとんどしていないと思う。使うときはしっかり使う人やったけど、休憩もしっかりさせてくれた」

そして、比較的早くから家計の責任を譲られたこと。壱岐島ではそれを「世を譲る」「所帯を渡す」「杓子を渡す」などと言う。アイ子さんの場合、子どもが小学校に入学するころに財布を譲られ、徐々に農業経営も譲られていき、他の家でしばしば見られるような、いつまでも若い世代に譲らずに年寄りが頑張っている、というようなことはなかった。さらに、夫が毎月決まった額の給料をもらっていて、舅・姑が「お金にきれいな人たち」だったこともあり、アイ子さんが自分の小遣いに不自由することはなく、テマとしてこき使われた期間が長く続くこともなかった。アイ子さんは話す。

「主人の給料からお小遣いをもらえたけど、それでも自分で働いたお金がほしいと思った。堂々と使えるから。

野菜を売ろうと思ったのは、そんな気持ちが強くあったから」

八五年ごろに野菜の無人市を思いつき、地元の部落で提案して参加者を募り、三カ所設置した。また、壱岐郡農協婦人部の活動の一つに位置づけられる朝市（週二回開催）にも参加。作業日誌をつけ、無人市や朝市に出す野菜の種類や品質などに工夫を続けている。

アイ子さんも、農協婦人部の若妻会の活動をスタートに、婦人部活動を積極的に行い、婦人部会長などの各種役員も務めた経験をもつ。明るく積極的な性格で、好奇心にあふれ、知的なアイ子さんは、農家女性のリーダー的存在である。

二人の場合からわかること

長岡妃美子さんと山内アイ子さんには、いくつかの共通点がある。

第一に、夫が農業以外の仕事、それも安定した身分で社会的地位も高い仕事に従事していること。その経済力が農家経営の中心的柱となっている。

第二に、夫が自家の農業経営にほとんど関与せず、舅・姑の隠居後は妻が自分ひとりで自家の農業経営を行えていること。もし二人の夫が農業専従であったら、現在の長岡さんとアイ子さんは存在しただろうか。さらに、第一と関連するが、自分の農業収入に加えて、安定的に夫の収入があるという安心感は、農業と家事・育児、余暇・社会活動などの生活全般にわたって、経済的ゆとりとともに精神的ゆとりをも生み出している。

第三に、妻が社会的にさまざまな活動を行うことについて、夫の理解が深く、協力を惜しまないこと。二人の夫は妻の嫁としての苦労をよく理解し、慰めつつ、妻の社会的活動に大きな意義を見出し、それを支援している。二人ともこう話していた。

「男は女しだいというけど、女も男しだい。夫が反対したら、奥さんはようしわえん（十分にはできない）。会などに出かけるときも、『片付けはよかけん、はよ遅れんようにいたちこい（早く、遅れないように行ってこい）』と言ってもらうと、ありがたいなと思って、出かける前に作業のやりくりや夕食のことや、いろいろしていく気にもなる。でも、『また、会な』などと言って嫌そうにされたら、やりくりしてでも行こうという気にはならない」

本人たちの努力や優れた能力がそれぞれの人生を魅力あるものにしていることは言うまでもないが、それに加えて、こうした他の農家の女性たちと比べるとかなり恵まれているといえる状況も個人の努力を後押ししていることは明らかである。

（3）農協婦人部が果たした役割

先に、自由にならない生活時間について述べたが、テマから労働の主体への変化とともに、一日をどう過ごすかの自己裁量分も確実に増えていった。それは、自己裁量のきく時間数が増えたという量的な変化というよりは、時間配分をする主体は各個人にあるべきという考え方の変化であり、質的な変化といえる。その結果、農家女性の生活時間に全体として娯楽・教養の時間が増加していく。その結果、自家と圃場の往復という狭い範囲から、各種活動の場所や知人・友人宅などへと活動範囲が飛躍的に拡大する。人間関係も大きく広がり、個々の農家女性たちの役割も複雑化・多様化していった。それは、農家生活への満足度の高まりとなっている。

こうした変化を生み出す元になったのは、農協婦人部の活動と、農業改良普及所の生活改良普及員を中心とする生活改善運動である。とくに、重視すべきなのは、農協婦人部の活動、およびそこにできた若妻会の活動である。現在でこそ活動の停滞が指摘されているものの、昭和三〇年代以降、農家女性たちの生活全般を豊かにする大きな役割を果たしてきたことは間違いない。

壱岐島において昭和五〇年代は、嫁の立場の女性たちにとって重要な活動拠点および機会として、若妻会が定着していく時期である。そうしたなか、アイ子さんの作文「私達のグループ活動と若妻会に思う」が、『昭和五十年度「若妻の主張」全国コンクール（主催：全国農協婦人組織協議会）』で最優秀賞を受賞した(18)（一三三～一三四ページ参照）。

当時を知る人たちによれば、アイ子さんの最優秀賞受賞は、壱岐郡農協および農協婦人部の名前を大きく高め、たいへんな騒ぎとなったという。ところが、アイ子さんの舅・姑は、農協関係者たちが日参して説明や説得をしても、東京での授賞式に彼女が行くことを最後まで認めなかった。そのため、出席できないアイ子さんの代わりに農協職員が代読するという異例の事態となった。彼女自身は当時のことをあまり語らないが、農家の嫁がいかに自由がなかったかを象徴する出来事として、人びとの記憶に残っている。

アイ子さんの受賞作文は、四〇〇字詰原稿用紙約七枚の文章である。そこには、当時の嫁の地位や農家の生活、それを少しでもよい方向へ変えていこうと活動したり努力したりする様子などが、ぎっしりと詰め込まれている。私が彼女からの数回の聞き取りをとおしてうかがった内容と比較すると、かなり抑制されたり、ニュアンスが変えられている部分も多い。そのことにふれると、「このように書くことでも、たいへんな決心だった」と、当時を懐かしむように話していた。

5　農家女性を取りまく現在の問題点

本章では、戦後、農家女性がテマから労働の主体へどのように変化してきたのかを見てきた。昭和三〇年代に入り、農業の兼業化が進行する過程で、無償労働組織が崩壊し、家計構造の複雑化・多様化が進んだ。その結果、農家女性たちの農家経営における位置づけは大きく変わり、単なるテマから、自分で判断し、責任をもつひとりの主体としての位置が用意された。そして、女性たちの自己認識も、テマから労働の主体へと大きく姿を変えていき、現在に至っている。

日本の農業を支えているのは高齢者と女性であるという認識は、現在すでにかなりの人びとに共有されている。壱岐島でも、農業経営の柱に女性が位置し、労働の主体として活躍していることは珍しくない。しかし、それは多くのケースで、夫が農業経営の場にいない場合（農外就労に従事、病気、離・死別など）に限られている。夫婦で農業をする場合には依然として男性中心の経営がなされがちである。その意味で、農業経営における経営参画権獲得はまだ不十分である。

農家女性を取りまく現在の問題点を、以下に四点、指摘しておく。

第一は、男性がいる場合の経営参画権の問題である。問題解決の方法の一つとして農業改良普及センターが進めている家族経営協定の締結があげられる。だが、実際問題として、家族内で話し合いができる家の場合、女性の経営参画もすでに一定程度進んでいる場合が多く、協定の締結自体、実質的な意味をもたないことが多い。逆に、家族内で話し合いが十分にできない家では、協定の締結自体困難であることが多く、壱岐島の現状ではまだ成果をあげているとは言いがたい。

第二は、夫の定年後、夫婦間の役割分担の再編成に伴う問題である。これは、長年農業経営を任されてきた妻と農外就労をしてきた夫という夫婦の場合に生じやすい。夫婦間の関係性の問題として、顕在化しつつある。ちょうど、戦後、農業の兼業化が進行していく時期に恒常的勤務についた世代が定年退職を迎え始めたために、近年見られるようになってきた比較的新しい現象である。

夫の定年後、従来は妻の領域であった農業経営や家経営に夫が参入してくる。その結果、農業経営をはじめとする生活全般において、夫婦間での役割の再構成や再配分が必要となる。その際、夫が妻の領分に入れてもらうという意識が薄い場合、妻の側に葛藤を引き起こしている。とくに、夫が妻の葛藤に無自覚な場合、問題は深刻である。

アイ子さんは、定年後の夫婦が仲良く暮らすための工夫を次のように話す。

「いかにして夫が濡れ落ち葉にならないように、また、させないようにするかが課題よ。男の人だけの責任じゃなか、奥さんにも責任があると、夫婦のことたいね。

私の友人に、夫は勤めで妻は農業を主体で、という人がいた。妻が一人で農作業一切をやってきたのが、夫が定年後、家にいるようになると、一つひとつの作業に口を出す。『畦塗りの仕方が悪い』『田植えした稲が曲がっとる』。稲刈りの時期になると、『まだ刈らんとか』。『まだ青いよ』と言うと、『早うせんと、いかんのじゃなかか』。昼の一二時にはちゃーんとテーブルに座って、昼ご飯が出てくるのを待っている。妻は、仕事をもう少しやってから昼ご飯にしたいなあと思っていても、できない。そんなこんなで、三キロ痩せた。ほかにも似たような話は何人か知ってる。

私は、そんな話をさんざん友人や友人の知り合いなどから聞いていたので、うちもそうなったら大変だ、と思って、夕飯のときに、夫がまだ在職中のころから話題にしてきた。夫も、定年をひかえた一～二年前ごろから、退職金の計算の仕方や共済年金の話などの説明会のときに、定年後することがなくて妻にくっついていたり、あれこれ口出ししたりして疎まれるような男たちの話を聞いていた。それで、主人は主人で、自分はそうならないようにしようと一生懸命考えてきたし、二人でよく話し合ってきた。だから、うちは大丈夫。

いま朝ご飯の用意は主人の仕事、味噌汁作りをしてくれる。私はその間、農作業をしている。一汗かいて帰ってくると、味噌汁ができている。幸せよ、二人でいっしょにご飯食べて。夫が食事など一通りのことができたら、ご馳走作りきらんでも、私が留守にしやすい。六〇歳過ぎたら、どちらが先に倒れるか、わからん。私が先に倒れたときでも、主人が一通りできてたら、お互い助かる。前、主人が勤めてたころは、『だんなさま、行ってらっしゃいませ』『おかえりなさい、ごくろうさまでした』というほどではないけど、それに近いものはあった。主人の収入も多いから、家計を支えてくれているのは主人だという意識があったから。でも、定年後は、対等、同じ立場、お互い同等で助け合っていかんば、そう思っている。そういうことを主人とよく話す」

第三は、若い世代の農業者としてのアイデンティティの模索という問題である。現在、嫁やあととり息子世代は、大半が恒常的勤務者として農業以外の仕事に従事している。自家の農作業は土・日などの休日に行う。農繁期には、平日の出勤前と帰宅後が加わる。勤務の傍らという位置づけが多いこともあり、自家の農業経営への関与の仕方は、親世代から見ると、自分たちの若いころと比較して「中途半端」「いい加減」に映ることも多い。しかし、親世代は、かつて自分たちがされて嫌だったこと、有無をいわせず親の指示どおりに農作業その他に子どもたちを動かすようなことはしたくない、農業をしたくないと思っている子どもや嫁に無理やりさせようとしても意味がない、と考えている。若い世代も、自分たちなりに自家の農業経営の将来像や後継者としての自分のアイデンティティについて模索している。

立石育代さんは、一九六〇年代生まれの農家女性である。八〇年代に裕福な農家に嫁ぎ、三人の子育てを中心に農家の嫁の暮らしをしてきた。農家の生まれだが、農業の経験も知識も豊かだったわけではない。同年代の嫁たちの大半は、子育てが一段落すると農外就労に従事している。そうしたなかで、彼女は農業をやりたいと思い、さまざまな模索をしてきた。

「婚家の舅・姑は、最初からとても可愛がってくれ、大切にしてくれた。夫はよく話を聞いてくれるし、私も夫とよく話をするし、本当に頼りにしている。テマとして嫁を扱う時代ではもはやないというのも確かなこと。私は農家に嫁いで一五年ほどになるが、だんだん自由ができて、自分の意見が家や地域で出せるようになってきた。そのなかで、自分は何者だろう、何をすべきだろう、と迷っている。

これまでにも、『家の光』や農協女性部の若妻会や婦人部の活動、農業関係の本を読んだり、いろいろしてきた。そして、『田舎のヒロインわくわくネットワーク』をはじめとして、自分が何かを求めれば、そして努力すれば、農家女性にも限りなく開かれた世界があることを知ってしまった。『農家だから』とか『田舎だから』などの言い訳は、もう通用しない世界が広がっている。夫は牛の人工授精師の資格をもっており、漁協勤務のかたわら、その資格を生かした活動をし、自家の農業経営でも牛を任されている。おのろけではなくて、私の目から見ても夫は生き生きしている。

自分も牛が好きだから、一人前の牛飼いをめざしていろいろ勉強している。そのほか、農家民宿や洋菓子作りとその販売などの夢もある。ただ、まわりを見回すと、『百姓で頑張るぞ』という近い年代の女性が少ないので、つい尻込みしてしまうことがある。夫をはじめ、家族は応援してくれているのだから、まわりがどうであろうと自分の思う方向へ進めばいいいと、頭ではわかっている。でも、進めないのは、たぶん、自分の足で立って、歩いていくことにまだまだ自信がないからだろう」

育代さんは、地元部落の若妻会会長や柳田地区全体の若妻会会長も務めた経験をもつ。穏やかな温かい人柄で、ユーモア感覚にもあふれて、人を引きつける魅力的な女性である。若い世代のリーダーのひとりだ。そうした人であってもなお、自分が何をすべきかを模索している状況がある。

第四は、依然として自明視されている性別役割分業意識に基づく問題である。具体的には、家事や育児が女性に集中しており、自家の農業や農外就労などと合わせると、女性のほうが過重労働となっている。ただし、男性が家庭内で果たす役割は大きなものがあり、日曜大工的な仕事はもっぱら男性の役割であるし、子どもの面倒もよく見ている男性が多い。したがって、都市部の非農家家庭に当てはまるような家事・育児の共同責任という答えでは、農家の生活においては十分ではない。

農村の実態として見られる家事・育児の分業体制はどのような意識に支えられているのかも問うべきであろう。率直に言えば、農家の男性・女性双方が性別役割分業を肯定的に捉えている現状は根強くあり、両者が対等なパートナーシップをもつことを望んでいない場合も多い。とはいえ、こうした状況を見て、農家の意識は遅れていると単純には言えないのではないかと考える。

残された課題四点は、農家女性だけのものではなく、女性がその他の家族員(夫、舅、姑、子どもなど)と共有し、解決すべき課題である。現実には、すでにそれらへの取り組みは始まっている。今後、農家女性や農家家族がどのように変わっていくのか、見続けていきたい。

(1) 上野千鶴子が言うように、いまや「主体」という概念がナイーブに使えないものであることは、私も承知している(上野千鶴子+足立真理子「表象分析とポリティカル・エコノミーをつなぐために―マルクス主義・フェミニズム・グローバリゼーション―」上野千鶴子編『上野千鶴子対談集 ラディカルに語れば…』平凡社、二〇〇一年。ただ、農家女性たちの自己認識の変化を捉えようとする本書においては、むしろ、「行為体」「エイジェンシー」「実践や行為の主体」という諸概念を使うことで、当の農家女性たちがテマから行為の主体への変化を望み、生きてきた様子が、かえって見えにくくなってしまう。なぜなら、現に私がフィールドで出会った女性たちは、たしかに自分自身を「主体」として自己規定しているという事実があるからだ。したがって、本書で使用する概念としては、「テマ」と「労働の主体」の二つが有効であると考える。もっとも、農家女性たちが、今後も変わらず自身を「主体」として自己規定し続けるかどうかは不明である。その先には、「行為体」「エイジェンシー」「実践や行為の主体」などの概念使用がぴったりとくるときが来るかもしれない。

（2） リアリティをもつという意味を、ここでは、「ある事象についてのまとめないし解釈内容が、その事象にかかわる人びとにとって妥当であると感じられるような場合」としておく。こうした考え方について詳しくは、佐和隆光『虚構と現実』（新曜社、一九八四年）参照。

（3） 福田アジオ『柳田国男の民俗学』（吉川弘文館、一九九二年）、倉石あつ子『柳田国男と女性観—主婦権を中心として—』（三一書房、一九九五年）、岩男寿美子・原ひろ子『女性学ことはじめ』（講談社、一九七九年）、村上信彦『高群逸枝と柳田国男—婚制の問題を中心に—』（大和書房、一九七七年）など、枚挙にいとまがない。

（4） たとえば、ジェンダー視点に立つ論考として、以下のようなものがある。大槻恵美「女と漁」（鳥越皓之編『試みとしての環境民俗学』雄山閣出版、一九九四年）、若尾典子「書評 倉石あつ子著『柳田國男と女性観—主婦権を中心として—』」（『日本民俗学』二〇八号、一九九六年）、中村ひろ子「民俗学とジェンダー研究」（『歴博』八〇号（特集 現代社会と歴史学ジェンダー—社会的性差への視点—）一九九七年）、安井眞奈美「現代女性とライフスタイルの選択—主婦とワーキングウーマン—」（岩本通弥編『覚悟と生き方（民俗学の冒険4）』筑摩書房、一九九九年）、靍理恵子「『女性民俗学研究会』の自己分析、自己認識という課題について—四月の定例研究会に出席して考えたこと—」（女性民俗学研究会編『女性と経験』二一号、一九九六年）、靍理恵子「農家の女性が『自分の財布を持つこと』の意味—行為主体・その家族・当該地域社会に与える影響について—」（『順正短期大学研究紀要』第二五号、一九九七年）、靍理恵子「『女の会』が果たしてきた二つの機能—民俗学の勉強・研究の場と女性たちの連帯の場—」（『女性と経験』二二号、一九九七年）、靍理恵子「農家の『嫁』から農家の『女性』へ—長崎県壱岐島のある女性のライフヒストリー—」（『順正短期大学研究紀要』第二六号、一九九八年）、靍理恵子「家庭菜園と農家の女性—アンペイド・ワークの視点から—」（『女性と経験』二三号、一九九八年）、靍理恵子「農家の家計構造変化のプロセスとその影響—農家女性の視点から—」（『女性と経験』二四号、一九九九年）、靍理恵子「書評 大藤ゆき編『母たちの民俗誌』一九九九年、岩田書院、大藤ゆき著『子育ての民俗』一九九九年、岩田書院」（『日本民俗学』二二一号、二〇〇〇年）、靍理恵子「女性の視点とは何か—民俗学の先行研究をふまえて—」（『女性と経験—特集 五〇〇回記念例会 明日へ向かって原点回帰—』二五号、二〇〇〇年）、靍理恵子「『嫁役割』の習得と女中奉公—長崎県壱岐島の明治期から敗戦までの事例—（岡山民俗学会『岡山民俗学会五十周年記念誌（仮題）』

未刊行）など。
（5）前掲（4）「民俗学とジェンダー研究」。
（6）瀬川清子『販女』（三國書房、一九四三年）、『村の女たち』（未来社、一九七〇年）、『若者と娘をめぐる民俗』（未来社、一九七二年）など。
（7）故山口麻太郎氏（一八九一〜一九八七）は、壱岐島在住の民俗学者である。戦前から戦後、柳田國男を頂点とする中央と地方という一種のヒエラルキーが存在していた時代から、壱岐島の民俗研究を行い、地域民俗学を提唱するなど、たいへんすぐれた研究成果を残した。昭和三〇年代には、明治中期から続く地元新聞『壱岐日報』に、町立図書館の館長名でたびたび意見記事が掲載され、地元の知識人としての顔ももつ。当時の農村の青年や婦人をとりまく社会問題に敏感であった山口にあってもなお、自身の民俗学研究とこれらの問題が結びつくことはなかった。
（8）瀬川清子は婦人問題への関心をもちつつも、終始その研究姿勢は揺れている。この点については、大槻恵美が指摘している（前掲（4）「女と漁」）。大藤ゆきも、実際の生活においては社会問題への関心は強く、ＰＴＡ活動に専心した時期があったことも明らかにされているが、それが、子どもの教育・子産みや子育て・女性のかかえる問題についての自身の研究に反映されることはなかった。これは、すでに指摘したとおりである（前掲（4）「書評　大藤ゆき編『母たちの民俗誌』一九九九年、岩田書院、大藤ゆき著『子育ての民俗』一九九九年、岩田書院」。また、日本民俗学会そのものも、フェミニズムとは距離を取り続けている。
（9）前掲（4）「女性の視点とは何か―民俗学の先行研究をふまえて―」。
（10）江馬三枝子は、『飛騨の女たち』の「ヨメサの境遇」で、「前にも幾度か述べたが、百姓家の一人の娘はすでに一個のできあがった百姓であり、働き手であり、つまり有力な『手間』である。従って農家にとっては一つの大切な財産でもある」と述べている。さらに、「ヨメサは兄の妻であり、子供たちの親でありながら家庭内の位置は存外に低い。しかもその労働はなかなか烈しい。たとえ、村で一、二といわれる裕福な家のヨメサであっても、男たちと一緒になって田圃の仕事、畑仕事に出ないようなものはないといって良い。田植、田の草とり、稲刈りはもちろん、養蚕から山仕事まで手伝うというふうで、なまなかの男子も及ばないほどに働く」「もとより女子衆同様の烈しい働きをするからといって、嫁は嫁であるから家から改めて給料などもらわぬのが当り前だとしても、お小遣いさえ公然ともらえぬのが普通なのである。親うちへ三日通いをしている嫁にきたてなら、それも止むを得ぬといえようが、五年七年と経過してすでに子供も幾たりかでき、婚家のために全労働を捧げるようになってもそうなのだから驚かされる」と述べる（江馬三枝子『〈新装版〉飛騨白川村』未来社（初版一九七五年、一九三五年からの多数の論考が所収）一九九六年、二〇八～二一二ページ）。

（11）おもに『壱岐日報』の記事を使用する。同紙は壱岐島内発行の新聞で、約一〇〇年の伝統をもつ。一九九八年ごろまでは、購読者数が群を抜いて多かった新聞である。社説や記事内容は広い視野から書かれており、農家の嫁たちの現状やそのなかで何が問題視されていたのかを知るための有効な資料としての価値を有すると判断する。

（12）「農薬自殺」（『壱岐日報』一九六三年八月六日掲載）。あととりの長男四〇歳が、「かねて実父Sさん六八歳が財産をゆずらないので、旅に出たいともらしており、前日夜もSさんに意見され」、次の日農薬を飲んで自殺をはかったというもの。

（13）婦人部のレク大会は、「大きなにぎわいだった。楽しみがいまほどいろいろなかったけんね、趣向をこらした催しで、盛り上がっていた。わざと壱州《いしゅう》弁丸だしで放送したり、種目も泥臭さを出すために、縄ないやかぼちゃ運びとか、来賓も縄ないに引っぱり出して、ふだん偉そうにしている、ふんぞりかえっている人たちを今日ぐらいぎゅうと言わせる、とっちめることができる、というような感じでね。仮装もちょっとエッチなものもしたり、みんなおばさんになっていて恥ずかしくないから。でも、それが受けるとよね。いまは、こぢんまりとまとまっている、豪傑がおらん。来賓を引っぱり出してぎゅうと言わせちゃろう、とかいうようないたずらっ気や茶目っ気、豪快さなどをもった婦人がおらんなあ」（長岡妃美子さん）

（14）農家の家計構造の変化とともに、農家女性の地位が変化していったことについては、前掲（4）「農家の家計構造変化のプロセスとその影響―農家女性の視点から―」。

（15）靍理恵子「ムラを支える諸要因の分析―長崎県壱岐郡石田町本村触の事例―」日本村落研究学会編『年報　村落社会研究　農村社会編成の論理と展開Ⅱ　転換期の家と農業経営』第二六集、農山漁村文化協会、一九九〇年。

（16）兼業化と女性の地位の変化については、前掲（14）および Yuki Takahashi, “Gender in Japanese Rural Society : The Present

Condition of Rural Women", Masae Tsutsumi ed., *Women & Families in Rural Japan*, Tokyo : Tsukuba Shobou, 2000.

(17) 山内アイ子さんについては、第5章参照。

(18) このコンクールは、「若妻の加入を促進するとともに、若妻の声を農協婦人組織全体に反映し、活動の活発化をはかろうとするもので、ＮＨＫの後援を得て行われているもの」である。

第4章　生業を創り出す活動と村落運営

1　生業の意義

本章では、現代日本の農村において、農家女性の活動によって生業が創出されることで、人びとの社会関係が再構築され、同時にムラが再生産されていることを明らかにする。具体的には、一九八〇年代なかば以降、全国各地で展開されてきた農家女性による農産物・加工品の生産・製造・販売の事例のなかから、岡山県内のそれを取り上げる。

「生業」の意味を、「人の暮らしを支えるなりわい」と捉えるならば、農家女性による農産物・加工品の生産や販売の活動は、生業の創出と捉えられる側面をもつ。仕事を起こし、地域に雇用の場を創り出すことは、単なる経済的活動の枠に収まるものではない。農家女性たちは、そのムラに住み続け、生活していくために、さまざまな農産物の生産・加工を行ってきたからである。その営みは、彼女たちにとっては生業そのものである。

それらの事例を詳しく見ていくと、多くの場合、その地域で営まれていた生業と何らかのつながりをもっている。これは、農産物がその地域の自然条件その他に大きく規定されることを思い起こせば、当然ともいえる。きわめて現代的な新しいアイディアやしくみのほか、意外に以前からの知恵や技術が生かされた諸行為も混じり合っている。そうした取り組みは単に個人的な営為にとどまらず、その地域を巻き込み、変えていく、村づくり的な営為とも密接につながっている。つまり「ある社会的な営為」となっていることが多い。

さらにもうひとつ、本章で「経済活動」と呼ばずに「生業」とすることには、重要な意味がある。それは、農家女性たちにとって、これらの活動は経済的活動としてのみではなく、もっと広がりをもったものとして捉えられているからである。それは、楽しみであったり、人と人のつながりをつくり出したり、役割を見い出したりすることにつながり、それが彼女たちの生活にうるおいを与えていたりする。

本章では、八〇年代以降全国的に広がっていった、農家女性たちによる農産物生産・加工・販売の事例を、農家女性たち自身が自分たちの生業・生活・地域を見つめ直していく取り組みとして捉える。そして、なぜ多くの人びとがそれに向かうのか、人びとをつき動かし、あるいは引きつけるものは何なのかを明らかにする。あわせて、人びとの社会関係が再構築され、同時にムラが再生産されていることを明らかにする。

2　集落営農と活発な加工——岡山県奥津町長藤地区の事例

(1)　まとまりよく活気ある長藤地区

苫田《とまた》郡奥津《おくつ》町は、岡山県の北部・津山市から三〇㎞ほどの距離にある人口二〇〇〇人弱の町だ。二〇〇五年三月一日、鏡野《かがみの》町・上斎原《かみさいばら》村・富《とみ》村との合併により、鏡野町となった(図6)。本章は、九九年の調査時点での地名で記述する。冬季の積雪量は三〇～五〇㎝を超えることもある。長藤《ながとう》地区は奥津町北部に位置し、町内でもさらに奥まった、典型的な中国山地の中山間地域にあたる。

図6　旧奥津町の位置

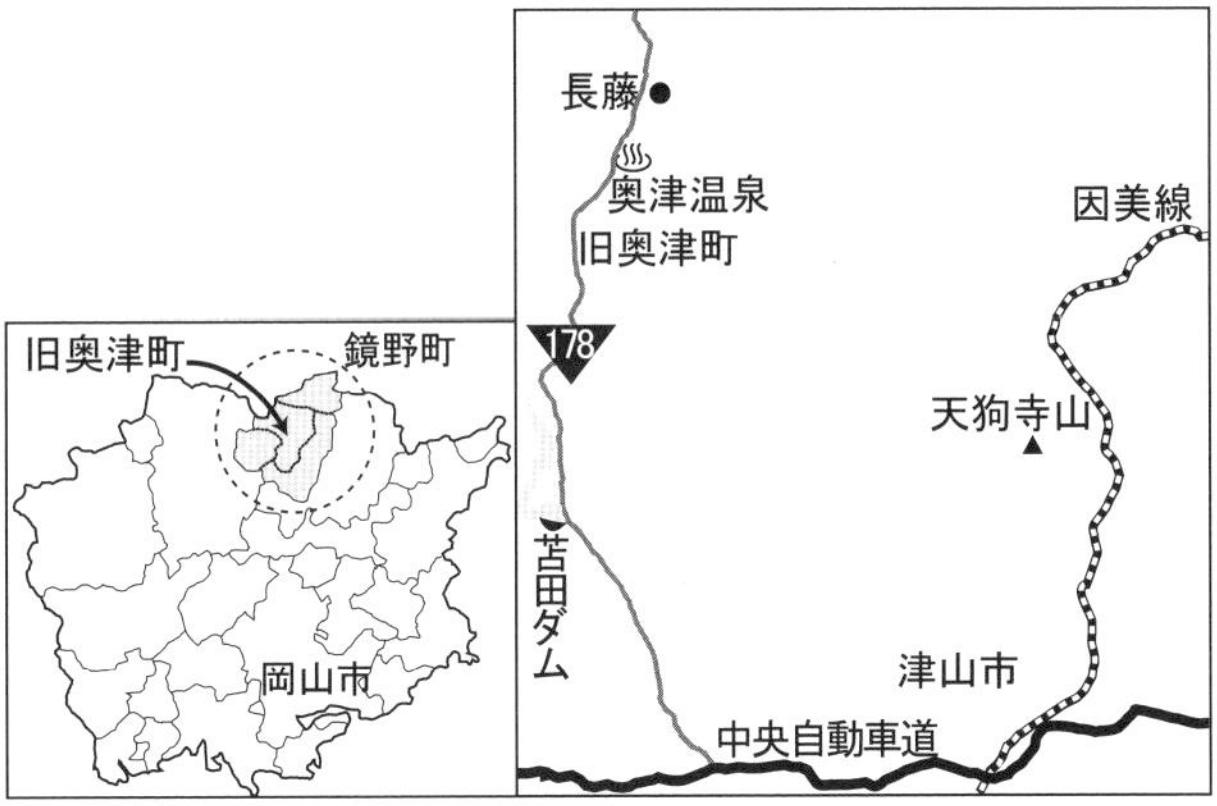

奥津町の人口・世帯数の減少は著しい。高度経済成長期以降の過疎化の流れに加えて、一九五七（昭和三二）年から約四〇年間、苫田ダム建設計画に翻弄されるという政治的要因も重なったためで、九九年現在、人口と戸数はピーク時の三分の一である[1]。長藤地区は非水没地区のため、戸数の減少はさほど急激ではないが、人口はかなり減少し、世帯規模も縮小して、高齢者のみの世帯が多数を占める。九九年現在、三八戸である。

このように過疎化・高齢化は進んでいるが、奥津町内の他の地区と比較すると、顕著な違いもある。それは地区の内外の人びとに広く知られている。

まず、ムラのまとまりのよさである。農林業をはじめとする各種の事業がスムーズに進む実績をもつ。

そして、ムラの活気である。長藤地区の人たちは、「ダムのことでは私らも苦しみました。でも、愚痴ばあ言うとっても、おえりゃあしません（何にもなりません）。私らはここに住み続けるのですけえ。楽しゅう、ええように暮らすことを考えにゃあ」と話す。現在、長藤地区では農業を軸として、①有機無農薬農業（岡山県の有機無農薬栽培生産集団としての認証を受けた稲作と畑作）、②集落営農（農事組合法人の設立と運営）、③婦人部の農産加工、④農村と都市の交流（農村型滞在施設を核とする外来者の受け入れ）、の四事業が軌道に乗っている[2]。

(2) 生業の変遷

長藤地区では戦前から、各家々の経営は「山と田畑と勤め」で成り立ってきたと言われている。家の中での役割分担は、おおまかに「男は勤めに、女は農業と家のこと」という性別分業が一般的であった。一九四七(昭和二二)年に結婚して長藤に来たという女性は、こう話す。

「昭和二二年といえば、まだ世の中は封建的なころ、とくにここは。男の人はお勤めに、という家が多かった、女の人が農業の主役をやって」

昭和四〇年代ごろまでは、山仕事(植林・造林、炭焼き)+田畑+牛+ヤマリョウ(山猟=鉄砲打ち)+山菜+家庭菜園+農外就労という組み合わせが一般的であった。

しかし、その後、燃料革命による木炭の衰退、輸入木材に押されての木材生産の衰退、減反による稲作の衰退などが急速に進行していく。山と田畑部分が全体的に縮小していき、代わりに農外就労(勤め部分)が肥大していった。農耕用(兼、子牛の販売)に飼われていた牛は機械化によって姿を消すか、肉用牛として頭数を増やす方向へ向かった。ヤマリョウ+山菜+家庭菜園は、若干の現金収入と楽しみと自家消費というマイナーサブシステンスの領域であったが、これも農外就労への比重が増すなかで、多忙となった家々では縮小していく。

しかし、昭和五〇年代に大きな転機が訪れる。一つは、一九七八~八一年の水田の圃場整備事業を契機に、集落営農の取り組みが始まったことである。もう一つは、それと関連して、加工作業が本格化したことである。

圃場整備事業、集落営農、加工作業は、いずれも「ムラで共同で何かをすること」である。これにより、伝統的な経営類型であった「山と田畑と勤め」の中身が変化していくなかで、各家ごとに経営を何とか守ろうとしてきた流れを大きく変えることになった。

（3）長藤農場組合と長藤農場組合婦人部の活動

長藤農場組合の結成

圃場整備を契機に、水田の有効利用を図るため、八三年に「長藤農場組合」を結成した。その後、農地の利用調整を進めて、水稲用機械・施設の共同利用、専任オペレーターによる作業受・委託、良質米コシヒカリへの品種統一など、一集落一農場方式をめざした集落営農活動を展開していく。九五年九月には、組合の作業部会を「農事組合法人　長藤農場」として法人化。運営委員会のもとに八つの部会（水稲、和牛牧場、花き、野菜、農地利用、作業場、婦人、青年）がある。

「最初に農機具をみんなで持ち寄って、それからつくった。仕事をして、お金をもらう。その農場に、婦人部が入った。牛を飼う人は和牛部会、米を作る人は水稲部会というように、それぞれの家でしょうることの部会に入った。婦人部と青年部と野菜部は、法人の農場とは会計が別、独立。あとの部会は全部いっしょ」

「ただ、法人の農作業の作業賃が高いので、なかなか委託が増えない。家族内でまだ労働力のある人は委託してこない。労力がなくなっていよいよできんようになったら、お願いしようと思っているけど。それでも、よその地域の場合よりは、うまくいっていると言われている。農場の成功は、婦人が仲よくしていることが大きいと思う。婦人が仲よくしていると、お互いの家の悪口も言わない、出ない。だから、まとまって何をやるにしても、あの人とはいけんとか、あの人とあの人はけんかしょうるからいっしょにはできん、などということがないから」

生活改善クラブから朝市・加工へ――長藤農場組合婦人部の歴史

長藤農場結成以前の七一年、地域婦人会と農協婦人部がほぼ重なるメンバー構成のもと、生活改善クラブ（県の

焼き上がったパンを袋に詰める

農業改良普及所主導）ができる。農家の生活の見直しというレベルから始まった活動だった。組織としては変遷があるが、女性たちの側からすれば、「長藤婦人部」として現在まで活動が続いていると認識されている。加工場の中に、そうした長年の活動を象徴するモノがある。たいへん古いが、現役のパン焼き窯だ。

「加工場の道具には、私らのこれまでの工夫や苦労、喜びなどがたくさん詰まっとります。たとえば、このパン焼き窯。生活改善クラブで、ここに、パン焼きかまどを煉瓦で造って、子どもたちのおやつをしてやりましょう、言うてした。農作業など家の仕事が忙しくて、子どもたちのおやつまで手が回らん。でも、それじゃいかん。子どもだけじゃのうて、おとなもしっかり栄養摂っていかんと、ということだった。パン焼いて、缶に入れておけば、子どももおとなもおやつに食べれます。けっこう日持ちがするように、たーくさん焼いて。私らの子どもはそれで大きゅうなったようなもんです。大事に修理し修理して、それが残っとんです。もう何十年、せえでパンを作って、特産品も作って」（婦人部長の友田章子さん〈仮名〉）

各家々でおやつとして焼いていたころのパンは、小麦粉・マーガリン・砂糖・ベーキングパウダーを使った堅めのもので、ふわふわとした柔らかいパンとはかなり違っていたそうである。後に、後述の朝市へ出すために改良を重ね、いまでは人気商品のひとつとなり、現在はプレーン・ヨモギ・カボチャなどの種類がある。基本は、栄養的にすぐれていること。添加物や着色料は使わず、安心して小さな子どもからお年寄りまで食べられることを大前提に考えてきた。見た目も素朴な手作りという感じで、かみごたえがあり、味わい深いおいしさがあり、大人気である。特産品は、山菜蒸し寿司・各種の餅・山菜の砂糖菓子をはじめ、部会員のアイディアで開発・商品化されてきた。

農産加工品づくりによる地域活性化のきっかけは、農業改良普及所の指導を受けて、農村の生活改善に取り組んでいたとき、「豆腐と味噌作りの器具を買わないか」と言われたことであった。器具はほしいが、負担金の五〇万円がない。婦人部員で集まり、話し合い、考えた結果、「自分たちの作ったものや加工品を、奥津の温泉街に行って売ったらどうだろう?」ということになり、早速取り組んだ。奥津温泉は、岡山県内だけでなく中国・四国地方において広く知られている、古くからの温泉地である。長藤地区から温泉街までは約五㎞で、たくさんの温泉客を相手にしたら、けっこういい商売ができるのではないか、と考えたそうである。

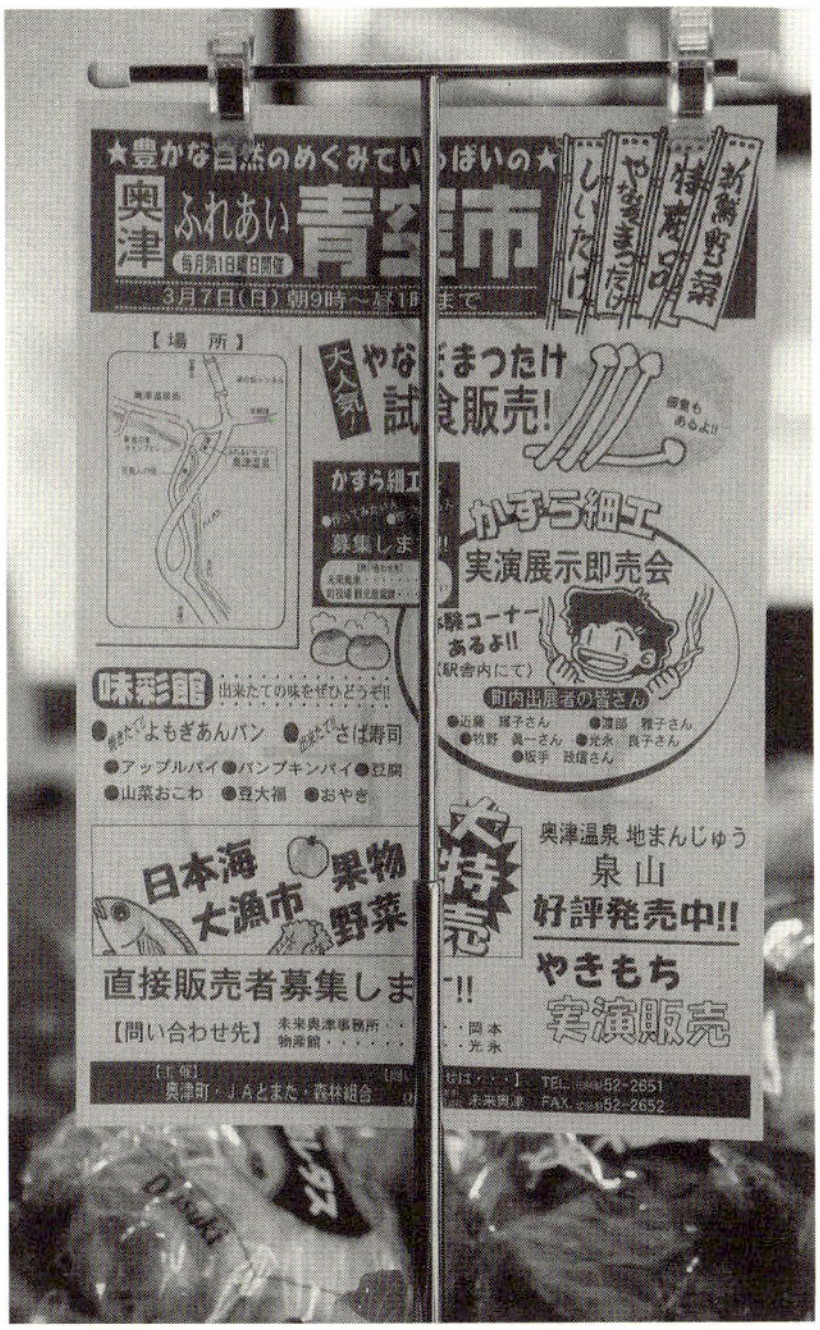

道の駅おくつの店内に貼られた奥津ふれあい青空市のポスター

こうして朝市を一回したら、五万円あまりの売り上げがあった。その成功で大いに意気があがり、工夫を重ねた加工品作りが始まった。そして八五年、「奥津温泉ふるさと朝市」が始まる。これ以降、婦人部の会員たちの目がムラの「外」に向いていく。同時に、加工品の販売をとおして、自分たち自身の「内」にも目が向けられていく。それは、農家の暮らし、農家女性の暮らし、農村の暮らしを見つめ直しながら、村づくりへと向かっていく。現在では、長藤婦人部の朝市にヒントを得て、奥津ふれあい青空市も新たに開催されるようになった。婦人部をはじめ、さまざまな個人・団体が参加して広がりを見せている。

八六年には手作りの加工場が増築され、現在にいたっている。部員たちは好奇心旺盛で、勉強熱心である。その根底には、「まずやってみようというチャレンジ精神」があると言う。友田さんは、自分も含めた部員たちのことを次のように話す。

「チャレンジ精神がたくましいですよ。言うばっかりじゃのうて、考える前にまず行動なんです。これがええとなったら、ともかくやってみようなんです。だめだったらもともとじゃし、なぜだめだったかを考えたらええわけじゃから、取り組もうなんです。みんなそれで、楽しゅうやってくださりょうるから、だいたい、それでええことになって、ああやっぱりよかったなあと」

加工場建設に関する当時のエピソードからは、長藤地区がもたざるを得なかった自主独立の気概、女性たちを応援する男性たちの協力、男性たちのもつさまざまな知識や技術の高さなどがうかがえる。五〇歳代の三村光一さん〈仮名〉の話を紹介しよう。

「(現在までずっと)オヤジたちがよく手伝うよ。婦人たちばあ(ばかり)で何かやりょうる、というような見方じゃない。最初に加工場建てるときもそうだった。設計図、土建、水道工事、塗装、屋根拭き、間伐材の切り出し、全部オヤジたちがした。ほんとの手作り。専門屋に任せれば、それでもできるけど、お金がかかる。それより、材料を持ち寄ってできるように作る、ずっとそれでやってきている。町の助成も受けずに、全部自分たちの力で、借金をして。借金するときも、よく話し合って、みんなが納得してやる気になった。行政が『やれ』言うてやり始めたのじゃない、だからよく続くのだと思う。

補助事業を受けると、いろいろな規則があって、それを一つひとつ満たすために、いらんもんまで用意せんといかんことになる。それより、最低限のことを満たして、自分たちが使って便利がええように、いらんものは作らずに、できるだけ金をかけまいとしたほうがいい。結局安くできると思う、補助事業を受けるより。もちろん、労賃、技術料などはゼロです、計算には入れないんです。加工場作るとき、屋根瓦もただでした。屋根葺きかえした家があって、古い瓦を保管していた。それをもらって、上から塗装した。使ってみても、何も支障はありません」

（4）長藤農場組合婦人部の活動

九七年時点で、メンバーは一七名である。活動内容は大きく三つある。①農産物の栽培・加工・販売の一連の作業、②農村―都市交流事業、③会員相互の親睦である。

農産物の栽培・加工・販売

日ごろの農作業、山菜取り、加工作業を指す。できるだけ自分たちの手で原材料を生産確保するという姿勢を貫き、できるだけ地域内のものを利用するように努めている。婦人部長の友田さんは言う。

「加工場の女性たちはみんなケチだから、ここにはお金を落としてもらっても、外には出さないようにしている。よそ（町外）からは買わない。醤油のパックなどは町内に売っているところがないので買うけど、手に入るものなら何でも町内で買うようにしている」

また、加工品の材料調達のために、休耕田の積極的活用を行ってきた。荒廃地を減らすことで、ムラの雰囲気もにぎやかに変わり、何となくみんな元気になる。荒れ地が目立つと雰囲気も沈むからである。加工原料を確保するために組合と話し合い、大豆などの集団転作を実現した。現在休耕田で作っているものは、少量多品目。えんどう、いんげん、ヤマノイモ、しそ、大根、コンニャク、とうもろこし、大豆、小豆、そば、花(リンドウなど)。これらは、そのままあるいは加工して、温泉朝市などで販売している。

時期が限られている山菜は、シーズンになると家族中で採りに行く。わらび、ふき、ぜんまいなど。それらを干したりゆがいたり、塩漬にしたりして、保存しておく。加工場には保存施設がないので、各個人が家で加工して貯蔵しておく。それを必要なときに婦人部で買い上げて、各人に支払う。家でやっておけば、多少の小遣いにもなる。これらは、山菜蒸し寿司や山菜のお菓子などの材料になる。いったん途絶えていた山焼きも復活させた(3)。

販売は、朝市、各種イベント、温泉施設での委託などだ。部員たちは日頃の勉強を欠かさず、研修などによる加工技術の習得や特産品の開発にも積極的である。加工品は、奥津町の山菜をはじめ、地域で採れたものを材料に開発・製造してきた。味噌、豆腐、おはぎ、餅、山菜蒸し寿司、山菜菓子、野菜入りパンなど多種多様で、その一つひとつに苦労や工夫のエピソードが詰まっている。

たとえば、野菜入りパンの場合、野菜に何を選ぶか、分量はどのくらい入れるかについて、たくさんの試作品を作っては味見をし、何度も作り直した。野菜の種類によっては水分が多かったり、保存料を入れていないために使えない野菜があったり、焼いたら色があまりきれいにならなかったり……。野菜の分量が多すぎると見栄えも味・食感もよくなかったりして、ちょうどよい分量にするのがけっこう大変だったという。

山菜菓子は、つくし・ぜんまい・ふきなどを砂糖でコーティングしたもので、見た目もきれいで、味も甘すぎず上品である。ただ、そこに至るまでがまた、苦労の連続だった。やはり、分量をいろいろ変えてみながら、みんなで味見して……の繰り返しで完成させたそうだ。そのほか、味噌、豆腐、おはぎ、加工品のすべてが、自分たちの目と舌で作り上げてきたものである。研修旅行に限らず、家族や友人とドライブや旅行、食事などに出かけたときなど、あらゆる機会に何かヒントになるものはないかと興味津々で見るようになったそうだ。

農村—都市交流事業

「耕心村」の運営、都市の子どもたちの受け入れ事業を指す。岡山県の事業で、九五年にファームビレッジ実施地区に長藤地区を選定。奥津町を事業主体に、交流・農産加工施設「耕心館」、貸し農園、宿泊施設を備えた耕心村が整備された。その管理運営は長藤農場で、子どもたちは、おもに神戸市から来る。夏にスイートコーン狩りなどを企画して、続けている。

数年前からは、「ふるさと小包」の発送も始めた。餅、煮豆、山菜菓子などを入れる。ある会員の夫が作る田舎風のお飾りも入れる。そのために、コンバインを使わず、小さい稲刈り機を使用し、ハデボシ（稲架け）し、稲藁を確保している。ふるさと小包は夏と冬、各一〇〇パックぐらいである。手間はかかるが、奥津町出身者にもそうでない人にも、奥津町の「ふるさと」の味や雰囲気を感じてもらえたらうれしいと思って続けているという。

会員相互の親睦

活動をしているときのさまざまなかかわり自体が、親睦になっているという。また、売り上げの一部を積み立てて、年に一回、一泊の慰安・研修旅行に行く。

「ささやかでも、婦人だけでいろんなことをして、お金が入り、自分が得たお金は全部自分名義の通帳へ。前は農協の口座でもおとうさんの分しかなかったのが。会計さんが、みなさん今日は何時間、時間給いくらでと、ぱっぱっと口座に振り込んでくれます。一年にいっぺん、味噌作りがすんだ三月の終わりから苗をする四月ぐらいまでに、旅行することにしとんです。婦人が全員、旅行に行くんですよ。楽しく一日、割といいとこへ泊まったり、いい勉強して帰って来るんです。そのときには、この集落はおとうさんだけですから、『留守番頼みますよ』言うて、みんなざっと出るんです」

3　活動が生み出した成果

（1）生業の再編・構築

長藤の婦人部活動を支える基本的な考え方は、「地場産」「地産地消」「地域内自給」である。それらは最初から意識されていたわけではなかったが、活動過程でしだいに明確になっていく。そして現在、自分たち農家の暮らしはたくさんの恵みによって成り立っているということが、はっきりとプラスの価値付与をされて認識されている。休耕田や転作田の利用が婦人部の活動につながるしくみがあるからこそ、人びとの取り組む意欲も高く維持されていると思われる。そして、日頃の農作業、加工場での作業、イベントや朝市、ふるさと小包その他の活動などが、すべて個々の家々の経営を前提とはしつつも、長藤というムラの協同部分の仕事をつくり出してきたことがわかる。

その物質的な基盤として、加工場がたいへん大きな存在であることは注目すべきである。長藤の加工場は、単なる作業場ではなく、多様な機能をもつ。ムラの女性たちの社交の場であり、気軽に集まる場である。学習の場でもあり、人間関係形成の場でもある。これらの集積として、社会的連帯の形成がなされてきたといえるだろう。また、長藤の人びとにとって自慢の手作り加工場であり、男性の協力的態度、女性の頑張りを表す場としての象徴的な意味ももっている。

（2）個々人に現れた変化

高齢者の生きる「張り」

婦人部長の友田さんは、「婦人部の活動をとおして、お年寄りの出番がある」と言う。

「九〇なんぼでも農作業をされるんですよ。『おばあさん、それ分けてもらえるかな』言うたら、『そら、使うてくださいよ』言うて。暮らすのに困らないくらいのお金はあっても、やっぱり、みんなのためになった、喜んでもらえた、いうのが生きがいになりましょう。

いまごろは生涯教育、生涯教育言うんですけど、生涯教育いうのは、与えられて陶芸をしなさい、あれしなさい、じゃなしに、自分が野菜でも作っとったりして、いきいきと生きとって、みんなの若い者の役に立っとると思う、それが生涯教育になるんじゃないんでしょうか。うちの隣におられるおばあさんはもう九〇なんぼ、おじいさんとおられる。あととりは岡山におって、よう帰って来られる。岡山に家を建てておられるから、『来んか（来ないか）』言われるけど、行かれんのんです。田んぼはもう農場に任されとられますが、お野菜したり花作ったりして、ええようにしとられるんです。それで、ちっとも人に頼ろういうことがないんです。張り合いをもって生きとられると思います」

この話からは、婦人部の活動が単なる経済活動にとどまらず、地域に暮らす人びとの生活全般を生き生きとさせる重要な働きをしていることがわかる。九〇歳過ぎてなお自分の役割が感じられることは、何よりの生きがいと言えるだろう。また、真の生涯教育とは何なのかについて述べている内容も興味深い。

女性たちが力をつけた

部員たちは、口々に話す。

「加工場へ来たら、作業しながら、いろいろと話しましょう。そうすると、町政がこうなっとるとか、視野が広うなって。だから案外、いろんなことが耳に入って、家の中ばあおる主人の知らんようなことでも、知っとんです」

「町の栄養委員しょうられる方もおられるし、会長さんもだいぶ広いとこ行っとられますし、保護司もされようりますし。子どもをええ具合に育てにゃいけんとか、こういうことがあるんじゃなあとか。いまは女性の登用いうことがありまして、なんぼか私もいろんな役をしましてな、裁判所の調停委員、町の行政相談とか。婦人の目で、男の人じゃわからんようなことを言うた。婦人が出とったら来やすいいうて、婦人も相談に出てこられたりします し。町会議員やら何やら専門の委員をしとられる人は別ですけど、しとられん男の人よりもここの女性のほうが町政から何から知っとられますよ。ここでぺちゃくちゃ、ぺちゃくちゃ、誰かがどっかの会合に行って、聞いて帰って来られますからな。視野が広うなると思いますよ。いろんな役もっとられる人がおられますからな」

女性たちが加工場に集い、作業しながらのおしゃべりをとおして、貴重な情報交換の場になったり、いろいろな見方や考え方を知る機会になったりしていることがうかがえる。家の中にばかりいる男性よりは、加工場に来ている女性のほうがよほど物知りで視野が広いという指摘も、女性たちがさまざまな社会経験を積み重ねることで力をつけていっていることを端的に示している。

生業を捉え直す

長藤の人たちは、ムラの外に住む他者とかかわることで、他者の目をとおして自分の暮らしを見て、自分たちの農業や生活を改めて見つめ直す機会を得ている。友田さんは、次のような話をした。

「津山市(若い世代の勤務地・住まい・買い物その他便利な都会という認識。車で約三〇分)に、中学三年の孫がおるんですけど、『お百姓がおもしろい』言うて、よく帰って来るんです。『おばあちゃん、農家って豊かだねえ』とか、『おばあちゃんのところは宝の山だね』と、私らが驚くようなことを大まじめに言います。山菜や山の草木、田畑の作物や実の生《な》る木々、そうしたものを私らがいろいろ作ったり使うたりしとるのを、いちいち感心してくれます。せーまいような津山に、ごじゃごじゃおりましょう。自分らの生活を見て、自分らのとこよりもかえって豊かだなと感じるのでしょう。孫には弟がおるんです。『大きくなったら、兼業農家でないとだめよ、お勤めだけだったら絶対だめ』言うて教えよんです、弟に。好きなんでしょうな。帰って来たら、『おばあちゃん、もんぺ』言うから、『どうして？』と聞くと、もんぺはいて草取りもしてくれるんです。かすりのもんぺをはいて。

まあ、子どもですからな、農業いうもんは、お米も安くなって大変な、という意識はない。ものを作ったり、自分の作ったものがおいしく料理をされたり、食べれる、そういうところに魅力があるんかな、思うんですけどな。どうもそこらがわからんのです。それから、『おばあちゃんのしとることは、考えてみたらよいことだね』と言う。せえで思うんですが、あれですな、農業とか結局は仕方じゃろうと思いますな。ものの考え方、仕方で、楽しゅうもなるし、苦労も苦労じゃのうなりますし」

農業基本法に基づく近代化農業への転換は、ムラの暮らしを大きく変えた。生業から近代農業への転換がめざされ、人びとにとっての「農業の意味」は大きく変化する。同時に、家庭菜園の放置、インスタント食品や加工食品の購入増加に代表されるように、農家の生活も大きく様変わりした。これは、全国各地でほぼ共通して見られる現象である。長藤でも同様の状況下にあったが、七〇年代からの生活改善運動による一定程度の活動の実績のうえに、集落営農と農産加工の二つがムラの事業として取り組まれ、大きな転機となった。

長藤の女性たち自身は、「生業」という言葉は使わないし、それを「捉え直す」というような表現はしていない。

けれども、彼女たち自身の取り組みをたどってみると、加工場を中心になされるさまざまな活動が、彼女たちにとって「生業」の位置づけを与えられていることは明らかであろう。「捉え直す」やり方も、彼女たちのあふれるチャレンジ精神に支えられてなされていることがよくわかる。昔あったものや現在も残っているものをヒントに、そのよかったところをもう一度取り戻そう、いまの世の中に合うように取り入れていこうという動きをしてきている。人びとの意識のなかでは、連続性をもつような、もたないような、曖昧なものではあるが……。

こうして、山菜蒸し寿司・野菜入りパン・味噌・漬け物などたくさんの加工品が誕生し、販売されてきた。それらを支える家庭菜園・休耕田・山焼きの復活、栽培方法の見直し、都市と農村の交流事業など、さまざまな取り組みが行われている。それらをとおして、自分の住む地域である長藤、農業、暮らしへの評価も、大きく変わっていった。

婦人部の会員たちは、朝市やその他のイベントで、見知らぬお客さんを相手に「私らが作ったもんです。おいしいでしょう、ようできとるでしょう」と自信をもって、堂々と勧めていく。最初は恥ずかしかったと言うが、自分たちの活動に本当に自信をもっているからこそ、そうしたことができるのだと思われる。

「ここで暮らす」ことの意味

山の利用の変遷や山焼きの復活、山菜の利用方法の変化などからは、人と自然とのかかわり方が変わることで、自然を見る眼が変わり、かつ自然への働きかけ方が変わっていくことがわかる。牛を飼わなくなることで、山の利用価値がしだいに失われ、それにともなって山焼きも衰退したが、加工に必要な山菜の生える場として、再び山の利用価値が高まることによって、山焼きの必要性が再認識され、復活したように、人びとの山とのかかわりが大きく変わった。

この場合の価値とは、経済的価値も含むが、それのみではない。婦人部の活動を支えよう、応援しよう、という社会的な価値も含まれるし、山菜はおいしいという食べる楽しみ、採る楽しみも大きい。つまり、経済的な合理性だけではなく、誰かのためにする(なる)という社会関係のためにも、「おいしい、楽しい」という情緒的な理由のためにも、人びとは行為を選択しているのである。経済的価値のみに限定されない、お金には結びつかない部分にも価値を見い出せたところに、長藤の人びとの暮らしの豊かさがあるように思える。

過疎化が進行していったとき、人びとのまなざしは、「外へ、外へ、都会へ」と向かっていた。そうしたなかでは、ムラの暮らしや生業に対する評価はほとんどネガティブなものであった。それが、自分たちの暮らしの変化をとおして、これからどういう暮らしにしていくのかを考えたとき、内なるもの、自分たちがもっているものの意味の再発見へとつながっていく。

都会にはない、田舎だからこそあるものは何か？　そうした問いと、それに対する答えは、自分たちのものの見方や考え方、暮らし方を考えるなかで見つかっていったものである。「ここ」で、「長藤」で暮らしていくとき、自分(たち)には何ができるか？　そう考えてきた結果、「長藤はよいところ」という見方が生まれ、ムラづくりへと人びとの目が向かうようになったのである。

(3) 家族への影響

嫁と姑の関係

一人ひとりが生きがいをもつことで家族内の関係もよくなる、と婦人部員たちは話す。

「昔のお百姓は、私らが嫁に来たころは新聞も取っとられんかった。つい最近まで取っとられんかった家も。テレビが普及したら、新聞がいらん言う人もおられますな。でも、やっぱり勉強、どういうんかな、何でも勉強は大事なことじゃなあと思いますなあ。姑さんたちのようにはなりたくないなあと思います。結局、視野を広くして、いろんな機会に出て聞き、本も読んだり、いろんなことを知って、そしたらやっぱりすることがたくさんできたら、その嫁のあらをさがすようなことはする暇がないですわ。自分で本も読もうかな、珍しい特産でお菓子でも作ってみゅうかなあいうようなことができたら、嫁と同居しても、嫁さんがどねやらせん言う暇は姑さんでもないですわ」（友田さん(4)）。

夫と妻の関係

女性が力をつけることで、夫と妻の関係も変わってきたと言う。加工場で作業のかたわら、四～五名の部員たちが話してくれたことを以下に紹介する。

『婦人も財布を持ちましょう』というようなことは、（県農業改良普及センターの）普及員の人たちから言われる前から、長藤ではやっていたということになりましょうか。自然に、そういうことになったわけなんです。農業も地域も、女がまず変わらないと。人を変えようというのはこれ、むずかしいですから。まず、自分らが、女性が変わって、そうしたら、たぶん男の人も変わってくださる。男が変わって、したら地域も変わっていく」

「女が自立したら、主人に肝心なことは相談したり頼るいうようなことがあっても、自分らは自分らで解決するようになる。本当は収入ももっとたくさん入りゃあよろしいけど、それでもいままでなかった自分の財布を持って、それでしたら自信が出てきますしな。そしたら男の人もやっぱり、そうかな、なかなかやるなと認めてくださるから。そうしましたら、地域全体が変わる。女だけばたばた跳ね回ったって、いけませんからな」

「常日頃、実績を見せとかんといけんですな。みなさん、よう働かれますもん。そりゃあ、おかあさんがおられんようになったら、できませんもん。だいたい、昔からちょっと兼業だったでしょう。だから、ほとんどの農業は奥さん主導でしたからな。いまだに、一番大事なところ、苗、種もみの消毒、何やら消毒せにゃいけん、肥料はこれを入れるとか、いうのはもうおかあさんですから。『何するんなら？』言うて、おとうさんは。車使うたり、えらいことだけしますけど」

「ここらはみんな、男は兼業で、女が百姓をする、それでも、その会計は譲れんのですよ。小遣いは、ここ（加工場）に来だして、みんな婦人の方は自分で稼いだお金が、あるいうことになったんです。勤めをした方もおられましたけど。自分で稼いだお金が少しでもあれば、おとうさんに言わんでも、着ていくブラウスがほしいな思うたら、買えますから。どこか行くにも、おとうさんに言うて小遣いもらわんでも、何もせずにぱっと行けれますからな。やっぱりその、農家は財布を握っとんのは男さんが、一家の主でしたけど、この（加工場の）分だけは別の口座して入れましょうないうことで。たいしたことはないんですけど、こういうものがあるいうことで、女性も自立いうんですかな。そうしょうると、『おとうさん、そういうこたあいけん（ことはいけません）』と口をはさめるようになる。『おとうさん、こういうことをせにゃあ』と意見を言えるようになりますけえな」

たとえわずかな金額でも、加工場の作業をとおして得たお金で「自分の財布」を持つようになったことで、女性たち自身が自立の重要性を認識し、夫との関係も以前よりは対等なものへと向かってきている。女性たち自身がそう認識していることが、こうした話からうかがえる。

（4）ムラの変化

人と人との結びつきの創出

婦人部の加工・販売に使う農産物を媒介に、人と人の結びつきが創出されている。友田さんの話から、それがよくわかる。

「婦人部のメンバーで、ここへは来られん人でも、その方が家で作ってるものを使わせてもらうことはある。もう八〇歳は過ぎているおばあさんがおられます。若い人たちは町外へ出ている。おじいさんが体が不自由なので、加工場に一日中出るというわけにはいかない、婦人部の会員ではあるけれど。それでも、銀杏を拾って持ってきたり、お手玉作って持ってきたり、という協力体制はある。地域中、婦人部の活動を支えてくださっとんです、いろんな面で。お弁当でも、ちょっと飾りの葉っぱや花をよそに咲いとるものを『ちょっとくださいな』言うて。変わったもの作っとられたら、『今度の弁当にはそれをもらいたいからよろしいか』言うて、いただくんです。ささいなもんでも、みなそれはお金で、農協で振り込んで」

「長藤地区以外の方も協力してくださいます。久田《くた》(奥津町内で長藤から車で南へ約一〇分。ダムの水没地区)の方で、ダムで出られましたが、留守のお家にユズが生るんです。長藤では久田よりちいっと寒いためか、いいのができんのです。そしたら、ユズをここへ持って来てくださる。下の方も協力してくださるんです。『しょうるからな』言うて『これはどうなら』と声をかけてくださる。おかげでユズ味噌しっかり作りこんで、これはこのままお菓子にしたり、いろいろ考えて使おう思うんです」

ムラ運営への参画度が変わる

ムラ運営に関して、かつては、「男が決めて女はテゴ(手伝い)」が普通だった。婦人部の活動をとおして、女性たちが力をつけていくなかで、それは「計画段階からいっしょに話し合う」やり方へ、しだいに変わっていく。

これは同時に、女性たちの活動が「女の人ばあでやりょうること」というような見方ではなく、男たちを巻き込む村づくり的な活動であるという見方へと変化した。奥津温泉街で行われていたふるさと朝市の際に、トラックを運転して運搬を手伝っていたある婦人部会員の夫が、「ふるさと朝市のときなど、早朝から資材の運搬をするのはおとうさんたちの仕事。地元の行事ですけえな」とさらりと話していたことは、そうした見方を端的に示している。

婦人部員たちは、次のように言う。

「いろいろ行事をするのにも、やっぱり女性の力を借らんなら、できんのんですわ。女性が協力します言わんと、なかなかいまごろはできんようになりましたな。で、必ず総会とか、ちょっといっぱい飲んだりするとき、いつもお世話になっとりますから、そういうときはある程度費用も、私らから出させていただきます。大きいお祭りするときとか、盆踊りするときも、私らから出させていただきますと。私らもお金があるんだし、ときどきは手伝うてもらえますから、応分の負担はいたします言うて、お金を出すんです。

地区の行事をするのに、これまではこういうふうになったからと、計画のときには何も言ってもらえなかったのが、計画のときから女性の意見を聞いてもらえるようになった。それが一番の収穫でしたね。私たちが一〇年もしてきて、一〇年もたたん間に、自然となってきまして、いつも末席でも婦人部に声はかかります。耕心館ファームビレッジの運営でも、やっぱり男の人だけではできませんから。婦人部が協力してくださるようなら、町から運営を任してもらいましょう言うような。お掃除とか、泊まられる方の食事の提供とか、ま、いろんなことをして。私がここへお嫁に来たころ(昭和二〇年代初頭)と比べると、ほんとうに全然違います。うちのおばあちゃんも生きとられたりしたら、びっくりして、目をまわされますでしょう」

4　ムラの大きな変化と高齢化への対応

長藤地区では、昭和五〇年代に入ってから始めた二つの事業をきっかけに、生業が創出され、各事業の直接的な効果とともに、潜在的な効果がさまざまに生じていった。共有の機械や道具、施設を持つことで新たなムラの財産が生まれ、そうした物質的な基盤を支えに共同の作業がなされ、一定の経済的効果を生み出し、さらにはムラ人相互の社会的連帯も生み出していったのである。

個々人のレベルに注目してみれば、女性や高齢者たちの役割が生まれ、あるいは確固としたものとなり、一人ひとりの生きがいとなり、それがその人自身、配偶者との関係、家族内の勢力構造や役割構造に変化をもたらした。さらに、ムラのレベルで見れば、以前にもまして女性の力を男性たちが認めるようになり、ムラの運営は文字どおり男女ともに協力し合ってなされている。長藤の人びとは、集落営農の取り組みや加工作業の取り組みが、そうした結果をもたらすことを最初から予測していたわけではなく、一つひとつの事業を行っていく過程で生じた、「意図せざる結果」だったと言えるかもしれない。とはいえ、その結果として、長藤の女性たちは、自分のしていることに自信と誇りをもち、自分の住んでいるところへの愛着を深めている。

それは、連続性と非連続性の両方をもつ自分たちの「生業」を現代的に捉え直し、実践していくプロセスのなかで獲得されていったものである。これまでずっと、自分の仕事、自分の暮らし、自分の住む場に関する評価のモノサシは、他者から与えられたものだった。そこから一転して、自分たちでモノサシをつくり、それらの評価づけをやろうというまったく逆方向の発想が生まれ、育っていく。そうした「思想」に支えられることにより、多くの農家女性たちが農産物・加工品の生産・製造・販売の取り組みへと向かっていった(5)。

こうした農家女性の姿が、一九八〇年代以降、全国各地で見られるようになったことは、ここ二〇年ほどの間の日本農村の明らかな変化と捉えてよいだろう。本章で扱ったのは一つの事例であるが、かなりの普遍性をもつと見てよい。ただし、そうした農村の一〇年後を想像するとき、課題も見えてくる。

一つは、男女ともに若い年齢層が少ないため、ムラ成員の再生産に困難が予測されることである。

もう一つは、婦人部の活動も同様の問題をかかえていることである。結婚後も仕事の継続が自明のこととなっている現在、農家でありながら、自家の農業経営についてはほとんどノータッチの若い世代はまだまだ多い。中高年の女性たちが受け継いできた農業技術や加工技術が、若い世代に継承されていくかどうか、あやうい状況である。また、男女ともに安定した仕事に就いていることが多く、現在の中高年女性たちがなかば半強制的に自家の農業に従事させられてきた事情とは大きく異なっている。そのため、農外就労を辞めて農作物の生産・加工に向かうという経済的なインセンティブも、きわめて弱いといえる。

こうした状況は、いま元気に活動している全国の多くの地区において、ほぼ共通して見られる課題でもある。今後、それがどうなっていくのか。定年帰農者やUターン・Iターン者の継続的、あるいは偶然的な移住によって、ムラ成員が維持されていくのか。今後も見続けていく必要がある。リーダーの友田さんは、こう話していた。

『私の人生はこうやりたい』と言って、我が道を行くことが大事じゃないかと思います。だから、たとえば、『跡継ぎがいない』と言って嘆かずに、親がしっかりと生きていく、ここのよいところをおもりをして（守り育てて）次の世代に残す、というのが私らの務めじゃと思うんです。私らが楽しゅう、仲ようやりょうれば、ここへ戻ろうかいう若い人も出てくるかもしれません」

（1）苫田ダムに関しては、苫田ダム水没地域民俗調査団『奥津町の民俗』奥津町・苫田ダム水没地域民俗調査委員会、二〇〇四年、参照。

（2）有機無農薬農業の生産集団育成事業は、一九八八年に岡山県単独の事業として始まり、長藤地区も導入した。一つの生産集団を約一〇戸の農家、一haの耕地面積で組織し、毎年一〇集団ずつ育成していく。事業期間は三年間で、その間に生産を軌道に乗せていくものである。ほぼ順調に生産集団の育成が進んだが、二〇〇〇年の改正ＪＡＳ法（農林物資の規格化及び品質表示の適正化に関する法律）の施行によって、有機ＪＡＳ認定を受けた生産集団数は激減した。認証申請作業の煩雑さや経済的負担、認証後の書類整備の煩雑さなどを理由に、申請集団があまり出なかったためである。しかし、申請しなかった生産集団の多くは有機農業をやめたわけではないので、有機農業に取り組む実数はそれほど減少してはいない。事業展開の概要については、靍理恵子「岡山県下における有機無農薬農業のとりくみ―行政主導型事業の事例―」（『順正短期大学研究紀要』第二三号、一九九五年）、靍理恵子「農業と行政がすすめる有機農業―岡山県賀陽町―」桝潟俊子・松村和則編『食・農・からだの社会学』（新曜社、二〇〇二年）、参照。

（3）山焼きとは、一般に草地として利用してきた山に春先に火を入れ、古い草を焼くことを指す。ムラの共同作業として長く行われてきたが、高度経済成長期以降、山の利用自体が少なくなり、また高齢化・兼業化が進むなか、山焼きをする地区は激減した。いまでも山焼きをしているのは、旧奥津町内では長藤地区のみである。機械化がすっかり浸透する昭和四〇年代ごろまでは、各戸で二～三頭の和牛を飼っており、山焼きをしなければ新しい、よい草ができないので、みんなで協力してやっていた。和牛は五月から放牧場に放牧する。牛を山に出すことを「山の神に預ける」と言った。現在では、三八戸のうち和牛がいるのは三戸にすぎない。牛の飼育者が少なくなれば、人情的に山への関心が薄らぐ。そのため、あたりまえのようにやってきた山焼きが地区の集会で「再協議」になったりして、スムーズに決まらなくなり、最後にはとうとう途絶えたのである。その後も牛を飼っている側からは、自分たちの利害だけを言っているようで、再開を言い出すのはなかなかむずかしかった。三戸だけでは人手が足りない。山焼きは危険な作業なので、十分に役割分担をしてしっかりやらないとできない。近年になって山菜が重宝がられ、とくに婦人部が山菜をよく利用しているので、山焼きの必要性が言われ出した。山焼きをしないと、雑木が生い茂ってワラビが採れなくなるからだ。それで話し合いの結果、再開が決まった。音頭は自治会が取り、山焼きのボランティアのように、各戸から一人ではなく、出られる人は何人でも募った。

（4）同様の話は他の調査地でもよく耳にした。たとえば、靍理恵子「農村の新しいリーダーたち―岡山県上房郡賀陽町の事例―」『順正短期大学研究紀要』第二七号、一九九九年。

（5）農山漁村の人びとが、生きていくための「思想」を自分たちの暮らしのなかからつくり出そうとしている動きについては、内山節ほか『ローカルな思想を創る―脱世界思想の方法―』（農山漁村文化協会、一九九八年）、参照。

第5章　農家の「嫁」から農家の「女性」へ
―長崎県壱岐島のある女性のライフヒストリー―

1　本章の目的と方法

研究の動機と目的

農家の女性たちは、自家の農業経営はもちろん、家事労働や農外就労も含めた農家経営全般を支える重要な担い手である。にもかかわらず、農家の女性たちは現在も、男性たちのいる場では影に隠れて「見えにくい存在」である。農村研究においては、近年ようやく農家の女性たちを研究対象とすることが一つの確かな視点として定着しつつある。(1)

私自身の調査経験を振り返ってみても、研究テーマによって、話者の性別に顕著な特徴が見られることが思い当たる。たとえば、村落組織や村落構造、ムラの運営、農家の農業経営などに関する聞き取り調査の際は、話者のほとんどが男性であった。数少ない女性は、夫がいない（離別、死別などの理由）、もしくは病気などのために彼女が「男性」役割を果たすしかなかった場合である。夫がいる女性たちに同じことを聞こうとすると、たいていは「うち（私）じゃ、わからん、おとうさん（夫のこと）に聞いてみらんと」という答えが返ってくる。「男の人に任せとったらいいね」と説明されて、そういうものかと当時はとくに疑問にも思わず、調査を行ってきた。

しかし、農家の女性たちが運営する朝市の調査を行い始めて、そこではほとんど男性の姿を見ない一方で、女性たちがよく動き、よくしゃべり、生き生きと輝く姿を見るようになる。(2) ある日、朝市のメンバーの自宅を訪ねた。あいにく彼女は不在で、応対してくれたその夫と少し話をした。朝市に関して夫が何か手伝っていれば、その話を聞こうと思ったのだ。ところが、そのときの夫の言葉が「私じゃわからん、かあちゃん(妻)に聞いてもらわんと。私が(朝市を)しょうるわけじゃなかですけんね」というものだった。「そうですね」と、その場は気にもとめずにいたが、後になってどこかで聞いたことのあるフレーズだと気づいた。ちょうど夫と妻が入れ替わっているものの、前述の村落組織や村落構造などの調査とほとんど同じ言葉なのだ。

そのときから、村落組織や村落構造、ムラの運営、農家の農業経営などの調査において、女性たちがほとんど話者とならなかったことの意味を考えるようになった。(3) これらのテーマについて「何かを語れる」ためには、何らかの形でかかわっていなければならない。つまり、ムラの集会に家の代表として出席して、ムラの運営に携わり、あるいは自家の農業経営において発言権や選択権・決定権などを有しているからこそ、「語る」ことができるのである。逆に、「語れない」というのは、かかわっていないためによく知らないか、または自分よりはよく「語れる」人が他にいるかのいずれかであろう。

このような視点、つまり農家の女性が自家の農業経営や農家経営の「周辺」に位置づけられてきたことを問題化する視点から農家の女性たちをながめてみると、次のような問いが浮かび上がってくる。当事者である農家の女性たちは、自分自身を自家の農家経営および農業経営との関係においてどのように位置づけてきたのだろうか。どのように感じ、どのような生き方をしてきたのだろうか。いま現在、どのような生き方を志向しているのだろうか。

農家の女性たちから話を聞いていると、「農家の嫁ちゅうても、昔のようにはなかと」「だいぶん変わったとよ」と、よい方向への変化の話が出てくることが多い。女性たちの意識の変化を当事者の視点から明らかにしたい。

研究の方法

本章では、一九四一（昭和一六）年生まれの女性、山内アイ子さんのライフヒストリーをとおして、六〇年ごろから九七年までの三十数年間、農家の女性として自己や家族、外界に対してどのような意識をもち、暮らしてきたのかを明らかにする(4)。

アイ子さんと初めてお会いしたのは九六年八月、郷ノ浦町にある壱岐郡農協本所の玄関先で、毎週二回行われている「ふれあい市」の調査においてである。私は彼女と出会う前、九四年一〇月と九六年七月に、その朝市のメンバーである他の農家の女性たちから、聞き取りを行っていた。年齢層は五〇歳代から七〇歳くらいまでで、五〇歳代と六〇歳代が中心だった。家族内の地位は姑で、多くはこれまで農外就労の経験がなく、朝市に参加するようになって初めて「自分の財布」を持ったという。この調査をまとめたものが、本書の第1章である。

聞き取り調査の場合、話があちこちに飛ぶのが常であるが、朝市メンバーの女性たちは、それとはまったく異なっていた。最初に私のほうから挨拶をして、調査の意図などを簡単に話した後、朝市や無人市への「参加の動機」を尋ねると、そのあとは結婚直後から朝市や無人市への参加、そして現在までが、時間の経過にそって、流れるようにすらすらと語られたのだ。私はときどきあいづちを打ったり、いくつかの質問をはさむくらいでよかった。

このような調査方法で何人もの女性たちの語りを聞くうちに、私には二つのことが見えてきた。

一つは、一九五五年ごろからの四十数年間の農家女性たちの意識変化。それは、農家の「嫁」から農家の「女性」への変遷とでも言うべきものである。「嫁」「妻」「母」「農家の主婦」役割の他に、「わたし」役割を発見してから、農村女性たちの意識は大きく変わり始め、生き方も大きく変化して現在に至っている。

二つめは、夫とともに農業をやってきた女性と、一人で農業をやってきた女性とを比較すると、農業経営への決定権や選択権、婦人部の役職経験などの点において、かなり大きな違いがあるということ。自分一人の肩で自家の農業経営を支えてきた女性たちは、その人の主体性が十分に発揮できる場で、「好きなように」やってきている。一方、夫とともにやってきた女性は、常に夫の補助者として、自己決定や自己責任がほとんどない形で農業をやってきている。その両者が、それぞれ「好きなように」やっているのが、朝市という場である。

したがって、多くの女性のなかからアイ子さんを取り上げるのには二つの理由がある。まず、彼女の生き方は、同時代の農家女性たちにとってひとつの理想であるから。そして、彼女のそうした生き方を可能にした背景にあるものを重視したいから。それは、彼女が自己の主体性を発揮できる場を確保していたということである。もちろん、本人の個性（能力や資質、努力など）も大きな要因ではあるが、そうした個人的状況に加えて、その個人が置かれた社会的状況の影響はやはり多大なものであると考える。

本章は、アイ子さんへの聞き取り調査で得られた彼女自身による語りを中心に、彼女をよく知る人への聞き取りや私的ファイル(5)で補足しながら、調査者であり、執筆者である私が解釈を加え、再構成したものである。語りの場は、「品物」の搬入と引き取りの際の朝市の開催場所、彼女の畑そばの木陰、自宅の台所などである。また、周囲の人としては、彼女よりちょうど一〇歳年上で、壱岐島全体の農協婦人部の各種役職を歴任し、名実ともに農家女性たちのリーダー的存在の長岡妃美子さんに登場していただいた。

アイ子さんの人生は、アイ子さんだけの人生である。しかし、その一方で、農村に住む農家の女性に共通する問題も多く包含されている。したがって、個別性と同時に、一般性ももつ。一人の女性のライフヒストリーをとおして、農家女性が自家の農業経営、農家経営、家族や自分自身をどのように捉えつつ生きてきたのか、明らかにしたい。

2　アイ子さんのライフヒストリー

アイ子さんは、一九四一(昭和一六)年に長崎県壱岐郡で生まれ、九七年には五六歳であった。高校卒業直後、一九歳で六〇(昭和三五)年に結婚、農家である山内家に嫁いだ。以下は、彼女の一九歳から五六歳までの三七年間のライフヒストリーである。語りの部分は、「私」と記す。

一九歳でお見合い結婚

私は、壱岐島の湯ノ本の近くの農村で、昭和一六年、兼業農家の末っ子として生まれた。父は国家公務員、母は野菜を作って売りに行っていた。湯ノ本には温泉があり、母は「野菜ば売ると、お湯銭なっと(くらいは)稼げるよ」と言って、野菜を持って売りに行き、それと引き換えにお湯に入って来たりしていた。私は土曜・日曜は農作業の手伝いをしたが、末っ子で甘えていたので、農業のことはほとんど覚えなかったし、「一生、農業だけはしない」と思って育った。学校の成績はよく、壱岐島内の県立高校に通い、将来は教員をめざして大学進学を希望していた。

私が高校三年生のとき、お見合の話が来る。相手は、同じ郷ノ浦町柳田触《やなぎだ》で、ムラ内では中の上より上の農家のあととり(一人息子)正志《まさし》さん。長崎大学教育学部四年生で、教員志望だった。いまでも、そのときのことはよく覚えている。一〇月二五日に姉の嫁ぎ先の家の二階で、お見合をした。姉の婚家は山内家と同じ触にあり、近所でも評判の厳しい家だった。姉はよく辛抱していたので、その妹なら大丈夫だろうということで、私が見合の相手として候補に上がったという。

お見合の席で、「（夫の）弁当さえ炊いてくれればいい。農業はしなくてもいい」と言われた。私は当時、大学進学コースにいて教員志望だったが、家庭内で経済的な問題が生じて、四年間学費が続くかという心配があったし、受験勉強に少々疲れてもいた。また、何といっても、お見合の相手である主人の人柄や価値観にとても魅かれた。それで、「この人についていこうかなあ」とも思い、いろいろ迷ったあげくに、進学をやめて結婚する道を選んだ。

家の財布を譲られるまで

結婚してしばらくは、もっぱら夫の弁当炊きでよかった。ところが、一カ月くらいたつと、「そえなだんか、忙しくてこたえん（そんな場合か、忙しくてたまらない）」と舅や姑に言われて、農業をたたき込まれた。夫は教員の仕事をし、家の農業は舅と姑と私の三人でやった。後で、お見合当時、おばあちゃん（正志さんの母親、アイ子さんの姑）は体調がすぐれなかったので、「毎日、息子の弁当を炊く人がいない、お手伝いでも雇わんと」という発想から、息子の嫁探しが出たらしいことがわかった。また、おばあちゃんは、「自分の息子は頭がいいから、農業をさせたくない。教員の道に進ませてやりたい。でも、山内の家や山内の家の農業は守っていかなければ」という気持ちだった。それで、息子の代わりに、「嫁に農業をさせよう、農業をしっかりしこまにゃ」と思っていることもわかった。

また、こんな話も聞いた。夫は一人息子だったので、小さいころから農家のあととりとしての期待を家族中からかけられていたが、成績がとてもよかったので、おばあさんが上の学校へ進ませてやりたいと、一生懸命頑張った。大きいおじいさん（正志さんの祖父）は、「農家のあととりに勉強させたら、家はつぶるるけん」と言って納得していなかったが、長崎大学への進学を許してもらう。その後、夫が大学三年のとき、おばあちゃんが体をこわした。そのとき、もともと「農家のあととりに教育はいらん」という考えの大きいおじいさんは、今度という今度はもうだめだと怒って、大学をやめさせて農業を継がせようとした。だが、このときもおばあちゃんが泣いて頼んで大学を続けさせた。「私が頑張って大学に行かせた」というのが、おばあちゃんの自慢、自負。でも、実際そのとおり、もしおばあちゃんがかばってくれなかったら、中退させられていたかもしれない。

自宅前の畑で農作業する山内アイ子さん

山内の家は農家だったが、夫は教員だから月給をもらっていた。当時、財布はおじいさん（舅）が握っていたので、夫はもらった給料をそのまま全額、おじいさんに手渡す。そして、おじいさんが、おばあさんと夫と私に、それぞれお小遣いをくれた。金額はみんな同じ。私は、そのお金でパーマに行ったり、自分の自由にできた。結婚当初から自分の自由になるお金があったのは、当時は珍しかったと思う。専業農家だと、そうはいかない。毎月毎月、決まった収入が入るサラリーマンが家にいたからできたことだと思う。

家の農業からの収入は、米なら年に一回、牛も年に何回かと、回数はあまり多くないし、決まっていない。いくら入るかも正確にはわからない。農業収入も全額おじいさんの手元に集まり、おじいさんがいくらかずつ分けてくれていた。藁や米を売った代金からもらうお金は、おばあさんと私はいつも同額。同額だったのは、おじいさんがいろいろ考えたうえでのことだろう。私は、夫の給料からの毎月の小遣いがあったから、農業収入からいくらかもらうことはそんなに待ち望むというほどでもなかった。それよりも、舅の指図どおりに、テマ(労働力の意味)として農業をするほうが辛かった。

嫁いだころにショックだったのは、夫の妻としてではなく、山内という農家の嫁としてしか舅や姑が見てくれなかったこと。また、テマとしてだけの期待にも、大きなショックを受けた。当時はどこの農家もそうだったのだろうが、「私はなんやろうか」とよく落ち込んだ。夫の世話をする人、農家の嫁として農作業をする人、それだけやろうかと虚しくなった。私はもともと外に出かけることが好きだったので、舅や姑に気兼ねして外出もままならないことが、とても嫌だった。でも、そのころの農家の嫁は、だいたい同じようなもので、山内の家が特別ということでもなかったと思う。

子どもが学校に行くようになるころ、おじいさんのほうから「子どもが学校に行くようになったら、お金もいるやろうから」と言い出してくれて、家の財布を持たせてくれた。ただ、農業のほうはまだおじいちゃんが中心になってやっていたので、手伝っていた側。全部譲られたのは、松浦市から帰った後(後述)のこと。

おじいちゃんは年金があるから、最初はお金をあげていなかった。おばあちゃんにだけ月給として毎月二万円をあげていた。そのうち、おばあちゃんが「おじいちゃんのうらやましかごたらすよ(うらやましそうにしているよ)」と言うので、おじいちゃんにもあげるようになった。おじいちゃんもおばあちゃんも、仕事は厳しかったけど、お金のことはきれい。「お金をくれろ」とは決して言わん。おばあちゃんも、いつも「ホンケはいろいろいるから」と言ってくれる。また、「来年、正志が定年退職したら、もう月給はいらんけんな」とも言ってくれる。二人とも、ほんなこと、お金のことはきれいかとよ。

若妻会の発足——全国コンクール一位入賞の波紋

昭和四六(一九七一)年九月、農協の指導で柳田地区に若妻学級ができた。私が嫁いで一一年目、三〇歳のときだ。外出する機会が少なかった農家の嫁たちにとって、地区に若妻会ができたのはたいへんな喜び。いろんなことができるような気がしたし、元気がわいてくるようだった。実際にはなかなかむずかしい問題もあったが、それでも楽しかった。

アイ子さんのファイル類から、若妻会の発足の経緯や目的、活動内容、問題点、コンクール入賞などがうかがえる箇所を引用してみる。

「郡農協婦人部の初めての若妻大会が昨二五日午前九時三〇分から郡民センターで開かれた。同婦人部の若妻や来賓合せて約一五〇人が集まって五人の発表を聞き、意見交換を行った。『私たちのグループ活動と若妻会に思う』と題した郷ノ浦町柳田の山内アイ子さんが一位に選ばれ、八月二一日長崎で開催される県大会に郡代表として参加することになった。郡農協婦人部では若い農業主婦の声を引き出して組織活動の強化をはかるとともに、若妻たちの保健衛生、料理、生活、営農改善などの学習をするため一二支部に若妻会をつくり、毎月一回例会を開いて来たが、柳田若妻グループはもっとも早く、(昭和)四六年の結成で、五年間の実績について山内さんは報告した。山内さんは、『若妻会への出席が少ない。本人の自覚はもちろん家庭や地域の人たちの理解がもっとほしい。若妻グループに参加していろんな勉強ができたし、家庭に帰っても、また地域の人たちとも話し合い、みんなで少しでも向上するようつとめている』と発表、郡農協が同婦人部も更に積極的な若妻会の活動を援助するよう要望があった」

(『壱岐日報』の七五年の記事[6])

この後、アイ子さんの発表は、八月二一日に長崎市で開催された県大会で優秀賞に選ばれ、全国大会でも最優秀賞に選ばれた。

「若妻の主張全国コンクール　晴れの最優秀賞（全国一）に　昭和五〇年度若妻の主張全国コンクール（全農婦協主催、NHK後援）で、壱岐郡農協婦人部・山内アイ子さんの作品『私たちのグループ活動と若妻会に思う』が晴れの最優秀賞に選ばれ、さきの全国農協婦人大会の席上、発表された（アイ子さんの顔写真と原文が掲載）」（『農協ながさき』七六年三月二〇日）

また、掲載紙は不明であるが、「やった‼全国最優秀賞　若妻発表山内アイ子さん（顔写真入り）第一回壱岐郡若妻大会の発表会につづいて長崎県大会でも優秀賞に選ばれた、山内アイ子さんが〝若妻の主張全国コンクール〟でも一二月八日の最終審査で最優秀賞に輝き一躍壱岐郡農協婦人部の名を挙げた。『身にあまる光栄で、信じられない気分です』と山内アイ子さん。ほんとうにおめでとう。写真は喜びの山内アイ子さん」という記事もある。

私は、若妻会の活動を書いた発表で、第一回のコンクールで最優秀賞を受賞したことがある。昭和五〇（七五）年、私が三四歳のとき。でも、じいちゃんもばあちゃんも喜ばんやった。とくに、ばあちゃんが狂ったようになった。女同士のやっかみだったと思う。「自分の若いころはそんなにしちょらん」と言って、東京での授賞式に行くことを絶対に認めてくれなかった。

そのときは、本当に情けないやら悔しいやらで、つくづく嫌になった。でも、もう昔のことだし、いま考えると、私には、同じ女としてその理由がわかるような気がする。おばあさんは、「絶対行かせん」と誰が何度話に来ても、顔をそむけて話を聞こうとしなかった。おじいさんは、そうでもなかった。自分がいろいろ我慢してきたり辛かったりしたことと比べたときに、おばあさんは許せない気持ちになったのだろう。それだけ、昔の農家の嫁はいろいろ大変やったということやろう。

壱岐島を離れた二年間の生活

結婚して一八年目に、夫が長崎県松浦市へ転勤になった。昭和五二(一九七七)年の春、私が三六歳のとき。夫について、二人の子どもといっしょに松浦市で暮らした。五四年までの二年間だ。

松浦市では、「これまで農業しかしてなかったから、やりたいことをする」と宣言した。お茶、お花、バドミントン、バレー、着物の着つけなどを習った。「いまのうちにやれることを、何でも思いっきりやっておこう。壱岐に帰ったら、できなくなるだろうから」と思って。あいまに、エミネントという服の工場へパートにも行った。

＊山内アイ子さんのファイル類の中に、一枚の新聞の切り抜きがある。バドミントンサークル紹介の写真と記事である。新聞紙名や日付は不明であるが、「昭和五三年」と書き込みがある。「健やか仲間　県下スポーツ・クラブ〈63〉松浦市ママさん　バト《ママ》ミントン愛好会　子供連れで練習　病気の人も健康に」の見出しがついていて、主婦たちの楽しそうな様子が伝わってくる。アイ子さんもその一人だ。農業とは無縁の、家事労働だけを担う専業主婦としての暮らしの様子がうかがえる。

プロの農業者への道

昭和五四(一九七九)年、息子が中学へ、娘は大学へそれぞれ進学する年に、娘と息子と私の三人で、一足先に壱岐島へ帰った。一年もすれば夫も帰れるのではと思っていたから。結局、夫は三年間単身赴任をしたけど。

壱岐島に帰ってから、昼間は頑張って農業をした。誰にも文句を言わせないように、言われないように。そして、それ以外は、できるだけいろいろな活動に参加した。会がある日は、「今日は会です」ときっぱり言って出かけた。主人が安定した収入をもって来るから、経済的な心配は何もない。私はただ、一生懸命農業をやった。

農業は最初、徹底的におじいちゃんからしこまれた。実家は兼業農家だったけど、末っ子で甘やかされていたし、覚える気もなかったから、手伝うことはあっても身についてはいない。山内の家に来てから、本気で農業をやることになった。最初は、テマとしてだから、体がきついだけだった。でも、うちは舅も姑も体があまり丈夫ではなかったので、よその家よりは早く、私が中心になってやるように変わっていった。

そして、どのみち自家の農業をするのなら、おもしろく、楽しくやりたいと思うようになった。自分でもよく覚えていないが、いろいろな工夫をしてきたと思う。趣味と実益をかねて、時間もみつけよう、みつけようとしてやってきた。「忙しい、忙しい、ああ時間が足りない」ではなく。一生懸命やっているうちに、農業のプロになった。機械は全部自分で操作できる。自分が船頭でするのは、楽しい。人にさせられるのは楽しくない。同じことをしてもね、人から指図されて動くだけちゅうのは、きつかだけ。誰でもいっしょじゃなかと？

農業日誌もつけている。つけている人自体、あまり多くはないと思うし、女の人でつけている人はさらに少ないと思う。つけていると、いつごろの作付けがいいとか悪いとか、翌年の参考になるから。いい悪いは、作物の出来不出来だけでなく、値段や売れ行きとの関係も含んでいる。つまり、みんなが作りやすい時期に作っても、値は安くしかつけられんけど、人より早くできたり、遅くまでできたりすると、高い値をつけられる。その分、作る技術もいるけど。

社会に目を向ける態度と実践

部落の婦人部役員をしていたこともあり、どうしたら「農家（私自身を含めた）のやる気」を引き出せるか、どうしたらお金も手に入るか、などをあれこれ考えていた。実家の母親の姿を見ていたので、自分でも近所の店などに野菜を売りに行っていた。野菜を売りに行くと、友だちのところへもちょっと立ち寄れる。買い物もできる。野菜を作って売れば、自分の趣味と実益をかねた成果が得られるのではないかと思った。でも、個人でアキナイに行くのはなかなか大変で、誰にでもできるというものではない。多くの婦人ができる何かいい方法はないかと、思案していた。

そんなときに、たまたま同じ部落の藤川誠さん〈仮名〉から、野菜の無人市という販売形態のアイディアを教えてもらった。それが、昭和五九（一九八四）年か六〇年のこと。

農家の組織として各部落ごとに実行組合というものがある。無人市を始めるにあたって、婦人だけでは動きにくいこともあるかもしれないと考えて、ダンナ（家の主人）を交えた組織にした。また、有志（希望者）だけにすると多くの参加者は期待できないかもしれないと思い、部落の人は全員登録というように、半強制的にした。登録者は三二人で、実質は一八人で出発、平成九（九七）年夏現在は九人になっている。減少した理由は、高齢化、病気、孫の守り（若い嫁は勤めに出るので）など。

＊アイ子さんのファイルに、掲載紙名と日付は不明であるが、昭和六〇（一九八五）年夏の記事とわかるものが貼られている。

「あの人この人　壱岐郡農協柳田地区実行組合婦人部長の山内アイ子さん（四四）　同婦人部では地区内の国道沿いにこのほど野菜の無人販売ボックスを開設。近所の主婦や通りすがりの女性ドライバーたちに『安くて新鮮、手軽に買える』と好評を得ている。無人ボックスは、農家の野菜自給率の向上と現金収入を結びつけたアイディア。『野菜が売れるようになれば、農家の自給野菜つくりの励みにもなりますからね』と山内さん。野菜は換金性が低いためか、農家でも店頭売りの島外移入品に頼りがち。自家生産の意欲を高めることで、生活改善への効果も期待できるというわけ。木造トタンぶきの小さなボックス。婦人部の人たちが、毎朝収穫したばかりのカボチャ、タマネギ、キュウリ、スイカなどを置いている。ほとんどが百円均一で代金は備え付けの料金箱に入れてもらう仕組み。『とにかくやってみようと始めたが、毎日九割以上が売れる人気』だそうで、最初五、六人だった出品者も徐々に増えてきた。利用者の注文や意見を聞くためのメモ帳も置いているが、『先日は、代金の不足分を断り書きして入れてくれた人もあった』とか。『いま干ばつなので、秋にはさらに品数を増やしていきたい。農業が厳しい折、みんなで工夫していかないと』と、張り切る。住所は郷ノ浦町柳田触（壱岐）」

無人販売ボックスに野菜を並べるアイ子さん

無人市を始めたころは、ちょうど部落の婦人部役員をしていた。その後、婦人部のいくつもの役職に就いている。ファイルによると、平成元（一九八九）年七月の時点では、地区部長を、一年一二月の時点では郡生活部長をしている。平成四年に長岡妃美子さんの後任として、壱岐郡全体の婦人部長に就任し、五年と六年の壱岐郡農協発行の機関紙「ふれあい」に、新年の挨拶文が写真とともに掲載されている。婦人部長は一期二年務めて、次の人に渡した。

遊ぶ時間も必要

「働くときはしっかり働く。遊ぶときもしっかり遊ぶ」。いつごろからかはわからないが、このことを心がけてきたと思う。楽しく生きていくためには、農作業と家事以外の時間をもとう、と強く思った。それから、各種サークル活動へどんどん出かけていくようになる。私はもともと出るのが好きなので、いろいろな会には逃げてでも出ていた。スポーツをしたり、役を受け持ったり、発表をしたり。

農協支所の人が、「あんたすごい変身ね」と言う。農作業のときは、どろんこになって、汚れてもよか服を着ている。でも、会には、化粧して、スカートはいたりして、きれいにしていくから。自分でもその切り替えが楽しい。

昭和五九（一九八四）年に、「ふれあい市をしましょう」と言って、呼びかけた。JA婦人部の各種サークルも、昭和五九年からいろいろ始まった。大正琴、社交ダンス、バドミントン、バレー、お花、習字など。そのうち大正琴と社交ダンスは、現在もある。いまは新しく、時代のニーズに応じたフラワーアレンジメント、パッチワークがあるが、私はそれには入っていない。歌ったり踊ったりは好きだけど、手先を使って地道にやるのは嫌いだから。私がいまやっているのは、大正琴、社交ダンス、英会話（町のサークル）、習字（近くの友人に習っている）。これらの各種サークルは、農家の女性の地位向上を目的に行っている。うちのばあちゃんは何もできなかった、農業だけ。

＊『壱岐日報』平成九（一九九七年）二月一一日の記事に、「一〇回目の発表会　郡農協大正琴教室　郡農協女性部・大正琴教室（山内アイ子会長）の第一〇回発表会が八日、郷ノ浦町文化ホールで開かれ、日ごろの練習の成果を披露した。大正琴教室は昭和五九年、同女性部の文化活動の一環として開講、年ごとにグループの輪が広がり、現在は一五グループで約一五〇人が会員となり、郡内外の各種行事にも積極的に参加している」とある。九七年春にアイ子さんを訪ねたときは、博多での大正琴の発表会に出かけて不在だった。

現在の暮らし

昭和三〇年代ごろから、ダンナさんが働きに出て、おくさんが家を守るという形が多くなっていったように思う。このごろの若い世代は女の人も働きに出ているから、私たちや年寄りの世代が家を守っている。

自分に与えられた環境のなかで自分を磨き、文化を求めて自分の意識を高められたらなあ、と思う。自分にはこの環境しかないんだから、人と比較したらみじめになることもあるけど、そのなかでできることをやるしかない。同じ農業をやるのでも、しょうことなしにやるのと、いろいろ自分で考えたり、工夫してやるのとでは、大きな違い。

壱岐島でも大きいホテルが建って、仲居さんを募集しとったりする。でも、月に一〇万くらいにしかならん。いまさら、そえなとこに行く気にはならん。野菜のほうで、無人やふれあい合わせると、年に一八〇万くらいになるし。パートに行くより、農業で稼いどったほうが何かといい。おじいちゃんの面倒もみれるし、サークル活動にも行けるし。舅は明治四五(一九一二)年生まれの八六歳、去年くらいから少し弱ってきたので、今後心配。

主人が安定した収入をもってくるから、私は好きな農業を一生懸命やるだけ。農業だけで食べていかないと、というさしせまった状況ではない。だから、楽しんで農業をやれるのかもしれない。

農業収入の分配方法は、家によって違う。決まりというのはないと思う。たとえば、牛を飼っている農家で、牛が四〇万で売れた。役場勤務の息子にもそこから一〇万あげたという話を聞いたことがある。どれがしかは嫁にもあげているだろう。豊かな家とそうでない家といろいろあるし、女同士のグチのなかで少しは分配のことが話題にはなっても、あまりよその家のことはわからない。いまは、舅・姑へは私から給料をあげている。私は東京の息子から給料をもらっている。帰省してきたときに、息子の嫁が毎月一万円をまとめて渡してくれる。

ばあちゃんは、自分のことを自分で決める力がない。他人に聞いて、決めてもらう。愚痴ばっかり。たとえば、

「私も、看護婦になりたかったと。でも、六人きょうだいの長女で、学校すんだら女中奉公にやられて、その後農家の嫁になった」というようなことを繰り返し繰り返し。家の犠牲になったという思いが強いから、好きなことをやっている、あるいはやれている人をみると、妬《ねた》ましくなるのだろう。おばあちゃんはいつも愚痴ってた。タテ社会、封建社会で生きてきた人ですから。

親(舅・姑)がどうかよりも、主人の理解があることが大切。理解があるかないかで大きく違ってくる。焼酎飲みながら、「おまえはどこ行くたな？」と睨んだり、不機嫌そうに聞いたりすれば、妻は出にくくなる。おくさんたちは、自分のチャレンジ精神をもち続けられなくなる。夫が応援してくれると、とてもやりやすい。私の場合も、主人の理解がとても大きいと思う。理解というか、ふだん家のことをみんな私に押しつけているから、その負い目があるからかもしれないけど。ふだん、じいちゃんとばあちゃんとのなかに私がはさまっているから、その大変さはわかってくれているのだろう。都合よくやれよ、バックアップするから、という感じ。

長岡妃美子さんは、私のあこがれ、理想の人。知性があふれている。この人にならついていきたいと思った。私たちの先輩として、師として、ずっと尊敬してきた。長岡さんのようないい先輩がいたから、後に続く私たちもやってこれたのだと思う。

あととりや家への思い

息子は筑波大学で数学を学んだ。本人もあととりという自覚があったので、学部の四年生のときに、長崎県の教員採用試験を受けて合格した。力試しのつもりで受けた企業も、みんな合格。もう少し勉強したい気持ちも出てきて、大学院の修士課程に進んだ。修士の二年生のとき、また長崎県の教員採用試験に合格し、国家公務員のⅠ種にも合格した。

知り合いの高校の教員は「どうしても教員でないといかんのか」、教員をしている娘は「耕ちゃん(仮名)は頭がいいから、教員の殻に閉じこめんでもいいんじゃない」と言った。私も、どこまでやれるか可能性にかけさせてあげたいと思うようになったが、おじいさんは、教員でなからなでけん(ないといけない)と心のなかで思っていた。でも、教員だったら、このへんの人でもいるけど、国家公務員のI種といえば、国のお役人、官僚で、そうざらにはいない。

夫は、本心は教員のほうがいいと思っていたようだ。教員なら、確実に家のあととりとして、この家に戻ってこれる。山内の家を継いでもらえる。でも、私の「可能性にかけさせたい」という言葉に、何も言えなかったようだ。自分自身も、母親であるおばあちゃんに守ってもらって学校させてもらっているから、母親の思いの強さというのはよくわかっていたのだと思う。

そのとき思ったのだが、男はやっぱり自分が腹を痛めたわけではないから、子どもに対して母親よりは遠いところにいるようだ。それに、自分の生まれ育った家だから、継いでもらいたい、つぶしてほしくないという気持ちがとても強いのだろう。私は他家から嫁に来たから、山内の家よりは自分の子どもたちのほうが大切。それに、自分の腹を痛めて生んだのだから、なにものにも代えがたい。子どもが、勉強もできる、もっといろんなことやりたい、そこを受けたら受かった、いいところへ入る、就職できた……となると、狭い社会の中に、壱岐の狭い中に閉じこめたくないと思うようになる。

息子は結局、教員にはならずに、厚生省に入った。いま六年目、今年で三〇歳。私の同級生の娘と結婚して、二人で東京に住んでいる。息子が東京に行くとき、親戚にお披露目をした。「長男は東京に出します」というお披露目だ。そのとき、「壱岐から嫁さんを連れて行かんとだめぞ」と、親戚から口々に言われたし、私もそう思った。息子もよくわかっていたと思う。あとつぎなのに出ている、という意識があったと思う。

家の存続、田畑や家屋敷の継承、先祖祭祀。それらは、みんな「できればやってほしいけど」という気持ち。だって、そのために子どもを犠牲にはできないでしょう、いまのこの世の中で。

息子は、「僕が壱岐に帰らずに東京にいても、山内家は絶えない、絶えるわけではない」と言う。「僕たちに子どもが生まれて、その子どもにも子どもが生まれて……という風に、どこにいても山内家は続いていく」とも言う。

でも、普通に私たちが思っていることは、そんなことじゃない。家と言えば、家屋敷、田畑がセットになっている。お墓も。家屋敷に住む人がなくなり、田畑も荒れて、お墓を守ってくれる人もなくなる……などと考えると、やはりとてもさみしいな。息子は、私たちのそんな気持ちはよくわかっていると思うが、ときどきさっきみたいなことも言ったりする。息子の嫁は、「東京で、『壱岐に帰ったら、耕ちゃんと、もっと洋風な家を建てたいね』と話しているんです」と言ってくれる。

若い人は、「自分は高校の同窓会に行きます」と言って出かけて行く。「行っていいですか?」じゃない。私が若いころは、「行っていいですか?」だった。自分たちのころからすると、とても考えられない変化。いまの舅・姑さんたちは、「子どもをあてがわれて、モーリ（子守り）をさせられて、嫁さんたちは夜昼かまわず出ていく」と言って、嘆く人も多い。

私はそれを聞いていて、複雑な思いになる。自分が嫁のときに、なかなか外出できなかった不自由さを知っているから、いまの若い人たちにはそんな思いをさせたくないと思う。でも、いまの若い人たちは、自分のことだけ考えて、舅や姑のことなどはそっちのけ。自分の都合のいいように、じいちゃんばあちゃんに子守りを頼んで、押しつけて、好き勝手にしていることが多いと思う。

地域女性部（地域婦人会の集落ごとの支部）も、JA女性部も、最近は「女性の地位向上」をお題目の一つにして、いろいろ講演会などをやっている。「財布を持とう」「自分の意見を通そう」といったスローガンも聞く。夫婦別姓についての勉強会もあった。たしかに、昔のごと言うとったたっちゃでけんということはわかる。でも、行きすぎじゃないかと思う。このままでは、家庭が壊れていくのではないかと心配する。夫婦別姓だと、どうなるの。夫は山内、私は品川、これで一つの家庭が守れるの？　夫ともこの話をよくする。

男と女は生まれつき違う。それぞれが自分の役割をしっかりと果たして、お互いに協力していくのが、両方にとって幸せなこと。男と同じようになることは、女にとって幸せではない。それぞれの役割は、どっちが上でどっちが下ということはない。私はそう思うとやけど。

「女性の地位向上」をめざす勉強会で、納得できることもあるけど、疑問に思うことも多い。勉強しすぎても、いかんとじゃなかかなあ。いくら「平等に」ちゅうても、男と女は違うでしょう。男にないものと女にないものを、それぞれが果たしていけばいいと思う。男は赤ちゃん産みきらんのに、最近は男が育児休暇を取ることもあるちゃあ、どういうことじゃろうね。学校の先生のなかにおるらしかとよ。母乳は女しか出らんのに、おっぱい持っとらん男が休暇取って何をするっちゅうね、と夫とも話すとよ。

3　ライフヒストリーが語るもの

山内アイ子さんのライフヒストリーは、われわれにどのようなことを語ってくれているのだろうか。私は、ここから彼女の認識過程の変容や農家の日々の暮らしのなかでの主体的な生き方の軌跡を読みとれると思う。それは、農家の「嫁」から農家の「女性」へという自己認識の変革過程とも言える。

アイ子さんは、自己の内面へと向かうまなざしをとおして、「自分」という存在を発見し、それを大きく育てていく方向での生き方を求めている。同時に、自己の住む世界やそれ以外の世界の存在へと向けられるまなざしをとおして、自己の住む世界の相対化をはかり、再認識による現状の肯定と、現状への不満と、その不満解消への取り組みを行ってきた。

嫁いだころに、農家の嫁＝テマとしての期待に大きなショックを受けている。夫の世話をする人、農家の嫁として農作業をする人として、牛や馬のようにただ使われるだけ。「いやだ、このままでは」という思いで、農業に取り組んだ。その後、農協主導でできた、いわば外部から与えられた若妻会に大きな期待をかけている。外に連れ出してくれる、外に出る大義名分が与えられ、同じ境遇の者たちの連帯の場をもてたことの意味は大きい。いろいろな問題はあったものの、言われたことに従うだけの「受動的存在」から、何かを言う・何かの行動を起こす「能動的な存在」へと変わっていっている。若妻会の活動実績をまとめた発表が最優秀賞に輝いたことも大きな喜びであったが、それは同時に、当時の家族内の葛藤や緊張関係を刺激することにもなった。

その後、二年間の壱岐島外での生活を経験する。長年の鬱憤を解消する機会、息抜き、気分転換、これまでの生活やこれからの生活を見つめ直す機会として、たいへん充実した期間だったようである。「こんな暮らしもあるんだ」と別の世界の存在を知ることが、その後の壱岐島での暮らしに大きなプラスの影響を与えている。

壱岐島に戻ってからのアイ子さんは、プロの農業者として、また農家女性のリーダーとしての道を選び、歩んできた。そして、農業と家事の時間以外に、自分の時間をもつことがよりよい生き方だと確信し、各種のサークル活動などへ積極的に参加し、いくつもの顔をもつ。さらに、現在では、自分の生き方を振り返りながら今後の生き方を求めるとともに、他者への理解や共感をベースにしての関係の構築や維持を志向している。それは、若い世代、家庭内では夫との対等な関係、舅、姑を尊重しつつ、自分も大切にしていこうとする姿勢、あととり息子に淡い期待はしつつも、息子には息子の人生があると割り切ろうとしている様子などにうかがえる。

舅も姑も一応元気、夫も元気。アイ子さんは、いま一番充実している時期かもしれない。

4　変わらぬ既存の枠組みと今後の課題

戦後、農家女性たちの意識や暮らし方が大きく変わっていったことが、山内アイ子さんのライフヒストリーをとおして明らかになったと思う。自分の意見を言う女性が増えてきた。自分の財布を持つ女性も普通になってきた。自家の農業経営の主体となる女性も多い。アイ子さんは、その模範ともいえるような女性である。

しかし、大きな問題もある。それは、現状では、農家の女性たちが自己主張できる場は女だけの場にほとんど限定されているということである。夫に対して、あるいは、ムラのなかでは、まだ「黙ってしまうこと」のほうが多い。夫のいないところで、男たちのいないところで、女性たちは自分の意見を言い、行動している。

アイ子さんが無人市を始める際、実質的な対象者は農家の女性だとあらかじめわかっていた。にもかかわらず、ダンナを巻き込んだほうがやりやすいからと、部落の実行組合を事業主体においたことは、それを端的に示している。もちろん、これは部落の現状をよく知ったうえでの「賢いやり方」であり、実際に成功した。しかし、これは既存の枠組みのなかで、いかにうまくやるかという考え方であり、女性だけではやりにくいと感じさせる力やその力を生み出す枠組み自体を問うたり、それを変革しようという方向へと向かうものではない。その意味においては、アイ子さんも、男尊女卑の社会通念〈男が主／女は従〈または補助〉〉を根底から支える側にいる一人である。

また、夫婦別姓や性別役割分業に関する勉強会に対しても、アイ子さんは懐疑的だ。男と女の役割が違うのは相互補完的な意味においてであり、上下関係はそこにはないと考えるから、差別を感じないのかもしれない。実際、彼女の場合、夫はずっと教員で、それぞれ別の空間で仕事をしてきた。したがって、農業経営の主体が舅から移行する際も、移行先は夫ではなくアイ子さんのほうであった。夫が（農業経営の場に）いないことで、彼女は思う存分、労働における主体性を発揮できたといえるのではないか。

アイ子さんたち夫婦は彼女が言うとおり、まさに相互補完的に役割を果たしてきたのである。仮に、アイ子さんが夫婦で農業経営に従事してきた女性であれば、もっと別の見方になるかもしれない。夫婦別姓に関しては、農家の嫁の立場がかつてより上昇している現在では、婚姻にともなう改姓がもたらすさまざまな弊害は見えにくくなっている。たとえば、一般に、改姓した側が相手方の家風に自分を適応させていくことになりやすい。かつての嫁や婿養子の立場の弱さはその一例である。しかし、本章でも見てきたように、農家の嫁が一方的に忍従を強いられる状況ではなくなっている現在、女性の側の改姓を自明のものとする暗黙の前提も見えないのかもしれない。

今後の課題は、アイ子さんよりも少し若い世代の農家の女性や男性たちの意識のありようを知ることにある。農業経営に加えて家事全般を担うことからくる忙しさ、身体的疲労は、かなりのものである。しかし、それを家族員に訴えて、夫とともに家事をやっていこうとする話は、まだほとんど聞いたことがない。どのような力がそこに働いているのか、家庭内の役割構造や権力構造を把握することから始めようと思う。

（1）近年の日本村落研究学会における一連の研究動向は、それを端的に示している。

（2）靍理恵子「農家の女性が『自分の財布を持つこと』の意味―行為主体・その家族・当該地域社会に与える影響について―」『順正短期大学研究紀要』第二五号、一九九七年。

（3）たとえば細谷昂は、「補論Ⅰ　農村女性と家」（細谷昂ほか『農民生活における個と集団』御茶の水書房、一九九三年）で、以下のような指摘をしている。「女性調査の予備調査の段階で村や地域にかんする質問にはばかばかしい答が返ってこないので、本調査の段階では質問項目からはずさざるをえなかったとのべた」その点に、重要な問題がある。「今日でも、家を代表して『外』のつき合いや会合に出席して、村や地域にかかわる意思決定に参画するのは男性の仕事なのである」。

（4）本章では、ライフヒストリーの方法論に関する議論には立ち入らない。ただし、中野卓・桜井厚編『ライフヒストリーの社会学』（弘文堂、一九九五年）に多くの示唆を受けている。

（5）アイ子さんの私的ファイルとは、地方新聞や地元ローカル紙『壱岐日報』、農協などの広報紙の切り抜きを貼った大学ノート一冊、全国若妻コンクールで優勝したときの発表原稿、それが収録された冊子（全国農協婦人組織協議会編『昭和五〇年度〈若妻の主張〉全国コンクール入賞作品集』一九七五年一二月）を指す。九七年三月の調査の際にその存在がわかり、その場で快く閲覧とコピーを許可していただいた。これらのファイル類からは、若妻会の代表として、農協婦人部の役職者として、地域農業の担い手として、またサークル活動をとおして、活躍してきた様子がよくうかがえる。アイ子さんの語りの内容を側面から肉付けしてくれるよい資料となった。

（6）日付が不明である。『壱岐日報』のバックナンバーを調べて確認する方法があるが、今回はその時間が取れなかった。

第Ⅱ部

農村と個人の相互連関性

子どもも鎌を使って合鴨米を収穫する（岡山県高梁市宇治町）

第6章　農村の新しいリーダーたち

1　日本の村落研究の新たな動向と本章の視点

本章では、農村の変動過程で新たなリーダーが登場し、農村社会を変革する主体となり得ていることを見ていく。その流れのなかに、農家女性の活躍も位置づけられる。

イエ・ムラ理論から農業者の主体性の着目へ

日本の村落研究においては、村落はどのような構造的特質をもっているのか、それはどのような歴史的・社会的状況のなかで形成・維持されてきたのか、村落で暮らす人びとの生活はそうした村落構造とどのような相互連関のもとにあるのか、などが主要な研究テーマであった。その研究のなかで、とくに重要な理論的位置を占めてきたのは、イエ・ムラ理論である。家は、家産に基づき家業を経営し、家計の共同、先祖祭祀、家政の単位、家連合の単位となる集団であり、日本における生活を規制する特殊な諸制度・諸慣習の体系であるとされてきた。また、単なる家々の集まりではなく、何らかの組織化がなされている場合を、とくにムラと呼んできた。そして、日本の村落社会は家・ムラを研究することにより理解できるとされてきたのである。

しかし、戦後の急激な社会変動過程で、家もムラも変容し、イエ・ムラ理論の有効性に疑義が提示されるようになる。とりわけ、一九八〇年代後半以降、農村社会の新たな編成原理の模索が始まった。たとえば、研究対象を、家でもムラでもなく、農業者個人にすえた、徳野貞雄の「農業危機における農民の新たな対応」は、その先駆け的な論文である。(1) その後、農業者個人に焦点を当てた研究が次々に展開されるようになり、農村における新たな動きに研究の関心は移行していく。

私も、こうした研究動向のなかで、従来のイエ・ムラ理論中心の村落研究では対象になりにくかった農業者個人に焦点を当て、個人の諸行為や意識の変化、それが他の家族員や村落内部に及ぼす影響などについて研究を行ってきた。それは、有機無農薬農業に取り組むことで、地域や農業の活性化をめざす人びとであったり、(2) 自家の農業経営で重要な働き手であるにもかかわらず長年個人の財布を持てなかった農家女性たちが、朝市への参加・運営をとおして大きく変化する姿であったり、(3) 一九四一(昭和一六)年生まれのある農家女性のライフヒストリーをとおして、五〇年代なかばから約四〇年間の農家女性の意識変化を明らかにしたものであったりした。(4)

変化したものと変化していないもの

農業者の主体性に着目する一連の研究をとおして明らかになってきたことは、家とムラの変容過程と、その過程で個人が果たす役割の変化である。たとえば、ムラ内の家と家との関係性を規定してきた家格(家の古さ、田畑の所有面積・経営面積・農業経営の内容など)の意味は、消失しかけている。その背景には、兼業化の深化によって世帯主や家族員の就業形態が多様化し、各家々の村落社会内での地位を決定する従来の尺度が意味を失ったという事情がある。また、家内部の勢力構造も、かつての家長を頂点とするヒエラルキーはかなりの程度崩れ、親世代とあとり世代の力関係の逆転も多く見られる。

このような、家同士の関係、家内部の勢力構造など、大きく変化したものがある一方、ほとんど変化していないように見えるものもある。

第一は、ムラの構成単位は、個人ではなく、「一戸前」の家であること。一般に、ムラ内に存在する諸権利を有し、かつ求められている義務も果たすことのできる家を「一戸前」と呼ぶ。そして、ムラを構成している単位は、Aさん、Bさんといった個人ではなく、A家、B家という「一戸前」の家なのである。

第二は、ムラの運営は、各家々が所定の権利と義務を正しく行使し、遂行することで成り立つものであること。

第三は、家の代表をあととりである男性(婿養子も含む)と見なしがちであること。

これら三点は相互に結びついており、ムラ運営の原理となっている。とくに、家の代表を男性に限ることは、男尊女卑(男は主/女は従、または男は公的領域/女は私的領域)の価値意識に支えられている。現在でも、ムラの集会、祭礼、葬式などの場で目立つ役割を果たすのはおもに男性であり、女性は集会のお茶当番、祭礼や葬式のまかない(料理やお酒の準備、後片付けまで)などを担当している。

異質性の高い個人に対するプラスの意味付与

このように、変化したものと変化しにくいもの、古いものと新しいものが混在する現在の農村社会において、注目すべき動きがある。それは、異質性の高い個人の出現であり、彼らが既存の(あるいは新規の)諸集団・組織のリーダーまたは主要なメンバーとして活躍していることだ。彼らのもつ高い異質性は、周囲の人びとからは柔軟な発想や多様な活動の発生源と考えられており、その点において、きわめて積極的な意味を付与されている。彼らは、農村社会に新しい空気を吹き込む人なのである。(5) 私は、こうした動きを、現代農村社会の新たな編成原理をつくり出す源と見なしてよいのではないかと考えている。

ここでいう異質性の高い個人とは、定年退職後の帰農者、村外からの新規就農者、女性などを指す。彼らは、兼業化の進行を背景に登場してきた。兼業化以前は、各家々の中心にいたのは、あととり、長男、学卒後農業一筋、農業専従者、成人男性、家の代表、ムラの正式メンバーなどの属性をもつ人びとであった。したがって、彼らの同質性はきわめて高い。そして、彼らの諸行為が年齢と家格によって大きく規定されてきたのは、すでによく知られていることである。

しかし、兼業化の進行とともに、彼らの多くが安定的農外就労に従事するようになり、自家の農業経営の中心からぬけていく。代わりに、「三ちゃん農業」や「一ちゃん農業」の言葉が示すとおり、女性や高齢者たちが農業経営の主たる担い手となっていった。これをムラレベルで見れば、家のあととりである成人男性の職業の多様化であり、家経営のレベルで見れば、農業経営における女性や高齢者の重要度の高まりである。

本章では、現在の農村再編成の主体、とくにリーダー的存在として、異質性の高い個人が大きな役割を果たしていることを明らかにする。具体的には、岡山県上房《じょうぼう》郡賀陽《かよう》町の二人の農業者と、その二人がそれぞれリーダーとなっている諸集団の事例を紹介する。二人との出会いは、別の調査がきっかけとなっている(6)。九八年の春から夏にかけて、岡山県・賀陽町・農協などの関係者に聞き取り調査を行った。本章では、調査地の概況、農業経営の現状と課題をふまえたうえで、以下の二点を中心に据えた。まず、異質性の高い個人が、家やムラ、地域、農業などに対し、どのような考えをもち、どのような行為を積み重ねてきたか。そして、それが周囲の人びとのムラ、地域、農業などに対する考え方にどのような影響を及ぼし、現状変革の契機となる可能性を秘めているか。

なお、賀陽町は、二〇〇四年七月一六日に御津《みつ》郡加茂川町と合併し、一〇月一日に加賀郡吉備中央町となった。本章は合併前の九八年に行った調査に基づいた考察であることをお断りしておく(その後の変化について加えた箇所もある)。

図７　旧賀陽町の位置

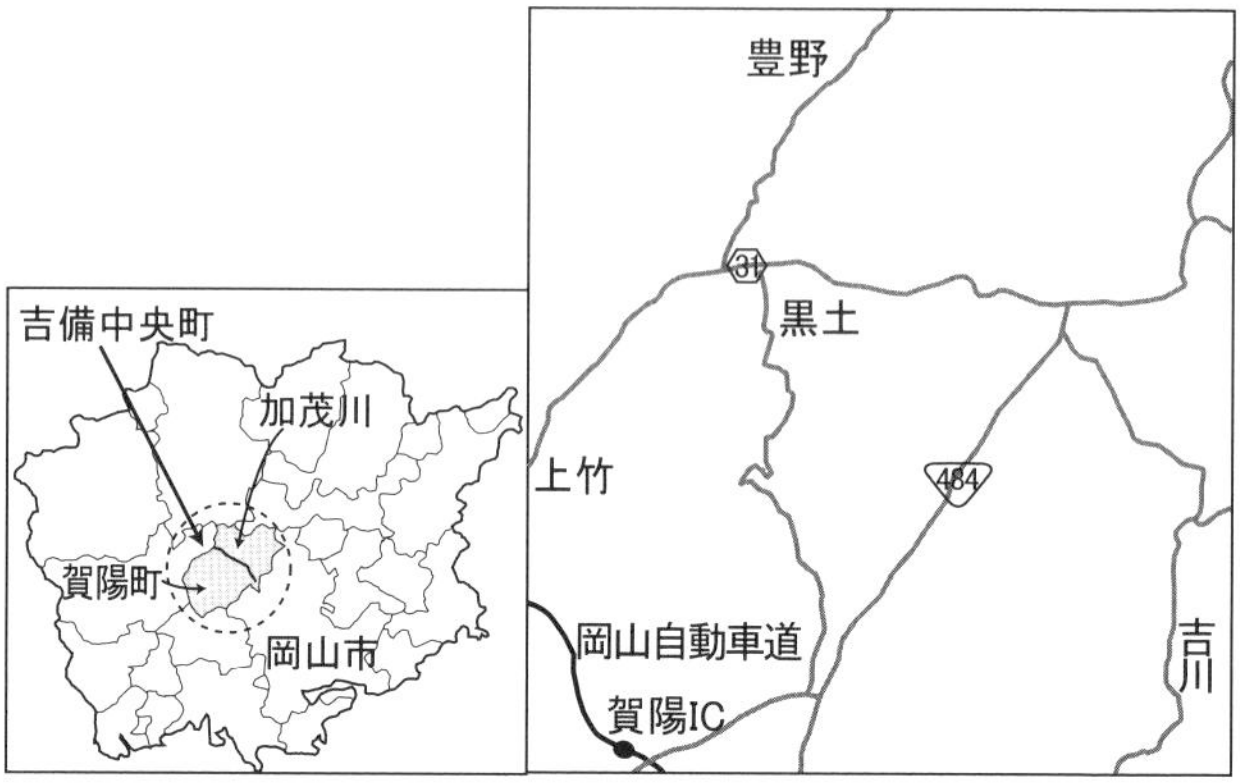

2　調査地の概況

地理・人口・世帯数

賀陽町は岡山県のほぼ中央に位置し、東西一一キロ、南北一五キロの広がりをもつ。面積一二七・五八㎢で、上房郡の南部を占め、東は御津郡加茂川町、西は高梁市、南は総社市、北は上房郡有漢《うかん》町に隣接している。標高三〇〇～五〇〇メートルの高原地帯で、山は比較的なだらかである。気温も比較的穏和で、寒暖の差があまりなく、年平均気温一三・三度としのぎやすい。

賀陽町は一九五五年二月に、一八八九(明治二二)年以来の五つの旧村、上竹荘村(有津井村・納地村)、豊野村(豊野村・稔村)、下竹荘村(黒土村・田土村・湯山村)、吉川村(吉川村・黒山村)と、吉備郡大和村(北村・岨谷村・宮地村・西村)が合併してできた。各旧村は、いまもなお一つのまとまりをもった地域として住民たちに認識されており、地域で何かしようとするときの基本的な単位である。

合併当時は人口一万三六九二人、世帯数二五九三でスタート。七五年まで人口・世帯数ともに減少の一途をたどるが、その後、人口減少は止まり、現在は横這い状態である。高齢化率は年々上昇し、九八年二月現在、三〇%近くになっている。ただし、高齢化率の上昇が即、要援護・介護老人の問題と結びつくわけではないことに注意しておきたい。家庭菜園の維持・管理や農業経営への参画など、何らかの形での農作業の継続は、高齢者にとって豊かな生活を保障していることが多い。後述のとおり、賀陽町の場合にもこれがみごとに当てはまっている。

農業の概要

賀陽町の主要産業は農業である。水稲を中心に、酪農、肉牛、葉タバコの生産が主体であったが、生産調整の流れのなかで、近年は野菜、花卉、ニューピオーネ(ブドウ)などの複合経営の振興に努めている。以下、本章で取り扱う事例と関連する作目についてのみ、現状と課題を簡単に記しておく。

米は、「おいしいコシヒカリの穫れるところ」として、一応、産地化されている。今後の方向性としては、第一に、良質米の生産と、集落営農組織を育成し、受・委託などによるコストの低減である。第二に、圃場整備の進んだ田を中心に、堆肥センターを利用した土づくりを行い、生産性の向上を図ることである。そうした背景には、米の生産調整という大きな課題が常に存在し、簡単に作付面積の拡大という選択は取れない事情がある。ここから、3節で述べる高付加価値米としての合鴨米の取り組みへのインセンティブが高まっている。

野菜は、従来からの夏秋トマト、秋冬白菜およびキャベツのほか、近年はエンドウ、インゲン、スイートコーン、シイタケ、ほうれん草、キュウリ、ナスなどが栽培されるようになった。今後は、道路交通網の整備による都市近郊型農業の可能性を秘めている。さらに、九二年に、賀陽町農協が事業主体となって吉備高原都市内にオープンした青空市はたいへん好調な売り上げで、固定客も付き、野菜生産者を元気づけている。しかし、有機無農薬栽培の野菜は、まだ有利な販売をするには至っていない(7)。

ニューピオーネは、八三年から新たな特産果樹として、葉タバコの代替作物、水田転作作物に導入された。九六年現在、一二五軒、約三七haの面積をもち、一大産地として急成長をとげたが、生産者の高齢化と人手不足は深刻となっている。こうしたなかで、3節で述べる営農支援組織「ロマンの会」の誕生がある。

そのほか、環境保全型農業にも着目し、取り組んできた。八八年度からスタートした岡山県の事業に、有機無農薬農業推進関連事業がある（一二三ページ参照）。賀陽町では九二年度から事業を実施し、九八年現在、野菜の生産集団が三つ、合鴨農法による米の生産集団が一つある。メンバーの入れ替わりなどの波はあるものの、比較的順調に進んできた。九八年度からは岡山県の事業で「おかやま有機の郷《さと》推進事業」を導入し、賀陽町が事業主体として地域ぐるみでの有機無農薬農業への取り組みを進めている。

3　新たな編成原理に基づく社会集団とそのリーダーたち

（1）リーダーの紹介

ここでは、「異質性の高い個人」として二人を取り上げる。なお、年齢などは調査時（一九九八年）のものである。その二人は、工藤豊子さん（六〇歳代後半）と長浜知《さとる》さん（四〇歳代後半）だ。ともに農業以外の仕事に従事した期間が長く、その後「農業を本気でやるようになった」。そして、柔軟な発想と旺盛な好奇心によって、次々に新しいことに取り組んできた。そうして培われた確かな知識と技術に加え、魅力的な人柄もあって、二人のまわりには多くの人びとが集まっている。

彼らをリーダーとする社会集団は、いずれも比較的近年になり、新規につくられたという共通性ももつ。ムラに古くからあった既存の集団ではなく、ある特定の目標を明確に掲げ、その達成のために組織された集団である。各集団とも、課題はあるにせよ、一定程度の目標達成をとげている。以下、二人のリーダーとそれぞれが深くかかわる集団の概要を紹介する。

小学校教員から地域のリーダーへ

工藤豊子さんは一九三〇（昭和五）年生まれで、隣接の高梁市の出身。賀陽町上竹《かみたけ》地区月原の農家の男性と結婚し、現在に至る。八五年に、五五歳で夫といっしょに教員（小学校）を退職した。定年まではまだ何年もあったが、「学校に出ていると、枠の中に閉じこめられてしまったような感じがする」「社会との交流がないというのか、社会の人みんなと交流したい」「『第二の人生』を地域の人びとといっしょに人びとの中で生きたいと思っていた」ので、「私は『太陽と水と土があれば生きていけるんじゃ』と言って辞めた」。

退職後、次々と地域の役職に就く。まず婦人会。「学校辞めたんなら、婦人会の役員もちなせえ」と、すぐに声がかかった。そのとき、「一本さされた、ぶっすりと。私より年輩のある女の人から、どねえに言われたかいうたら、『役員や理事しても、子ども扱うようにはいかんよ、心してかかれ』と。いまでもこの言葉、忘れん」と言う。

四月から上竹の婦人会に出た。最初は端のほうで黙って座っていた。そのうち、組織や活動のことがわかってくる。ちょうど、若い人がぐっと辞めて会員がだいぶ減っていたときだったが、「工藤先生が（婦人会に）入ったんなら、私もまた入ろう」と言って、いったん辞めた人たちが戻ってきた。若い人も入るようになり、会員がまたぐっと増えた。賀陽町内の他の地区の婦人会は会員減少の傾向にあったから、「上竹どうしたん。また、増えて」とよく聞かれたという。「ええように行きようる、楽しい会になっていると思う」と話す。

婦人会の役員と兼務で生活改善の役員もした。それから、役場から推されて婦人会の理事になり、町の会計を二年間した。愛育委員（岡山県独自の制度で、保健師と連携し、乳幼児の保健に関する仕事を行う）も回ってきた。「いろいろな役員をするなかで、社会の様子が薄々わかってきた」。

小野綾子さん(仮名)(一九三五(昭和一〇)年生まれ、有機無農薬農業生産集団「黒土」グループの実質的リーダー)は、工藤さんを「工藤先生」と呼んで全幅の信頼を寄せている。

「学校の先生たちは、辞めた後、夫婦でしょっちゅうゴルフして楽しみょうる。自分のことばっかり。それがいけん、とは言わんけど、工藤先生のように、他人のため、世のために一生懸命やっている先生はおらん。それに、この先生は、話しやすい。先生じゃけど、なじみやすい人だから、ついてくことはみやしい(簡単である)。先生が役員になって、カラオケができると喜んでいる人たちが何人もいた。前の役員の人は堅苦しい人じゃったけど、先生になって、晩にゃカラオケするようになって、楽しかった。じゃから、みんなついていくんよ。楽しいけ、先生といっしょじゃと」

周囲の評価をさらに紹介しよう。

「でぇれえ(とても)面倒見のいい先生なんじゃ。学校の先生辞めてからは、町内の役をいろいろもっていた。生活改善とか、交流グループとか、婦人の組織の役をいろいろ。女性のリーダー的存在で、まとめていくような人。村おこしにもかかわっていたり。リーダーがええけ、それぞれのグループがええこといきょうんじゃと思う」(福田道夫さん(仮名)、賀陽町農協(二〇〇三年一月一日、合併してびほく農業協同組合)で有機無農薬担当)

「あの人はすげえ、迫力満点。荒え、男みてぇにな。ガンガンやる、どんどん進める、強引なところもあるな。でも、それも人の上に立つには、人を引っ張っていこう思うたら必要。野菜作りにかけては、細かくやっているし、上手。有機についてはようやっちゃる。あと、婦人部や村おこしやこな。けど、学校の先生が長かったから、地域の農業全体を知っているわけじゃあねぇ、ということはある」(長浜知さん)

農協職員から多様な集団で活躍

長浜知さんは、一九五〇年に賀陽町吉川地区西庄田の農家のあととりとして生まれた。岡山県立高松農業高校畜産科卒業後（後に、このときの知識と技術の総体が合鴨農法へとつながっていく）、ある中小企業の紡績工場に就職する。二一歳までそこに勤務していたが、社長から「うちは小さい（会社）から、この先長く勤めても出世は先が見えている」というようなことを言われ、そこを辞めて賀陽町農協に勤務した。

農協では、肥料・飼料・農薬・生産資材などを一七年間担当。営農指導にもかかわり、電話での問い合わせに答えてきた。「ええ勉強させてもろうとる。浅く、広く、勉強させてもろうとる」と、農協勤務当時のことを話す。農協支所の次長をしていたころ、岡山県が進める有機無農薬農業の事業が入り、吉川地区で野菜のグループをつくった。

その後、農協のガソリンスタンドの所長に異動になる。「所長、言うても、タンクローリー車に乗って走り回るのが仕事」だったと言う。

「朝八時半から晩は七時ごろまでスタンドに勤めながら、百姓するのはしんどかった。朝、早出があっても、所長になったら早く帰るわけにはいかんし、百姓もできんようになった。水田を二ha弱、ブドウのハウスもしていた。親父が倒れたのを機に、農協を辞めて、農業を本気でやることにした。親父は半身不随にはならんかったけど、その寸前。この機で辞めたほうがいいかなと。最終的には百姓やらにゃいけんなという気ではおったから。農協辞めて、いま四年目」

長浜さんは、自家の農業経営以外にも、いくつかの集団のリーダーもしくは中心的メンバーとして、また役職者として、忙しい毎日である。合鴨米の生産グループ（岡山県の有機無農薬生産集団育成事業を導入、合鴨農法により有機無農薬で稲作）、吉川地区の有機無農薬野菜のグループ、イベントクラブの三つで活発な活動をしてきた。最近とくに力を入れているのが、合鴨米の集団の活動である。

おもな役職は二つで、それは二枚の名刺に端的に表れている。一枚の名刺は「賀陽町農業協同組合生産部委員理事」、もう一枚は「岡山県高梁地域就農相談員　農業を始めたいと考えている人　私たちに相談して下さい！〈相談分野〉農業経営・栽培技術　〈経営品目〉水稲・野菜・ピオーネ」。これは岡山県の新規就農者支援事業である、ニューファーマーズ事業関連の仕事だ。県からの委嘱を受け、これまでに数名の相談に乗ってきた。

長浜さんについても周囲の評価を紹介しよう。

「農協を辞めて就農した。若手のバリバリで、この人が有機のメンバー（米と野菜の二つのグループ）を引っ張っていっている。合鴨が好きみたいで、自分の家で孵化させて、その雛を仲間に配っている。それから、器用な人で、ビニールハウスを建てるのが上手。自分で建てれば資材費だけですむので、その分安くできる。とにかく、若いし、技術もあって、みんなをまとめるのも上手な、よいリーダー」（石田洋さん（仮名）、岡山県高梁地方振興局農林事業部有機無農薬事業担当）

「長浜さんは農協退職後、農業をやり始めた。いまは野菜を中心に作っていて、吉備高原都市の青空市場（「ライブプラザ」）へ出している。青空市場では、品物を運んできてすぐ帰るということはせず、よく研究しょうられる。どんなものがよく売れるのか、お客が何を求めているか、他の生産者の品物の品質や種類、量や価格など、いろいろ見たり、聞いたりしている。そのほか、おかやまコープの依頼で、コープの店舗（倉敷北）での土曜朝市にも出しているが、それもお客の様子や売れ行きなどをよく見ていた。作ってしまえばそれで終わり、というようなただの生産者じゃねえ、よう勉強もされとるし」（賀陽町農協職員の福田道夫さん）

(2) 工藤豊子さんがかかわる集団

月原有機無農薬生産組合(月原組合)

九二年度から三年間、岡山県の有機無農薬関係の事業を受け、現在に至る。工藤豊子さんは当初からの代表だ。メンバーは最初七人でスタートし、途中五人に減ったときもあったが、技術的な蓄積による生産の安定と、九六年からの大阪市場への出荷による販売の安定などにより、九七年ごろから徐々に増え、現在一二人。中高年の女性ばかりである。

「メンバーは、定年やその他の事情で勤めを辞めた人が多い。どちらかといえば百姓の経験のなかった人が多い。学校の栄養士だった人、リーダーシップを取っていた人、以前、婦人会の会長をやっていた人など、しっかりした人、学歴のある、理解力のある人たちで、集まった顔ぶれがいい。浮き沈みはあったが、いまはまとまって順調にいっている」(工藤さん)

工藤さんが有機無農薬農業(以下、「有機」と記す)を始めるきっかけは、九〇年に県から依頼され、「ヘルシー作物」を作る事業に参加したこと。同じ地区の生まれで、農業改良普及所を定年退職後、賀陽町農協に勤務していた友人から、「試作してくれんか」と頼まれた。「ヘルシー作物」として、ズッキーニ、アーティーチョーク(朝鮮アザミ。つぼみの中心部のがくと花托を食べる)、アマランサスなど七種類を栽培。その後、農協から「できるんじゃないか、有機が」と言われ、九二年から勉強しながら有機に取り組んできた。

県の認証(半年以上、農薬も化学肥料も使用していない圃場であること)を受けるために、畑を一年間休ませていたので、最初の年はよくできたそうだ。その後、虫や病気が出て、当初は収穫するより捨てるほうが多かったが、三年ほど過ぎたころから、虫が出なくなった。草もこまめに取るようにし、「畑がきれいになったら、出んようになる、虫も病気も。人間の体といっしょ、畑の土も。このごろは不思議なくらい虫がおらん、不思議なよな。土ができてきたからかなと思う」と言う。ここまでくるには、たいへんな苦労や工夫があったことがわかる。工藤さんは、こう言う。

「結局、有機は自分で作って苦労してみんと、わからん。畑によっても違うとやもん。たとえば、人参が絶対できん畑がある。それから、小松菜はようできるのに、春菊はできない畑もある。人参は、たぶん地下水の水位とかかわっていると思う。その畑に合う、合わんがある、作物によって。できるもの、できやすいもんを作るほうがいい、無理して合わんもんを作る必要はない。ネギは一般に連作を嫌うというが、毎年私は植えてるけど、ええのがいっつもできるんじゃ。不思議じゃろう。やってみんとわからん、うまくいくか、いかんか。でも、おもしろか、有機の野菜作りは。私も含めて、メンバーたちの生きがいになっとる、楽しみになっとる。反別(反収)は少なくても、作ることに生きがいを感じられる。昨日も寄り合いをしたが、今度の研修会には是非行くよ、とみなさん、言うてじゃった。新たに入る人も多く、勧誘すると入る」

ここで、工藤さんの影響を大きく受けた小野綾子さんが実質的リーダーを務めている黒土有機無農薬生産集団(以下、黒土集団)についても、ふれておこう。

黒土集団は、月原組合と同じ九二年度から事業に取り組んできた。最初は野菜と米を作り、米は合鴨と鯉を使って有機無農薬栽培をめざしていたが、やがてメンバーが次々と辞め、九五年ぐらいから、野菜作りをしている山本竜二さん(仮名)(七〇歳代)一人になっていた。その後、九六年の途中から、地区は違うものの、小野さんが加わり、彼女の声かけで近所の女性たちが次々に加入し、現在は一一名。高齢の女性たちが大半である。

小野さんは、有機の事業にかかわる前、自家の農業のかたわら、ゴルフ場のキャディーの仕事を長年続けてきた。五五歳のとき、孫の守りのために辞めたが、孫が小学校へ上がると、することがなくなったという[8]。そんなとき、農業改良普及所の職員から黒土集団への加入をすすめられ、「渡りに船」(小野さん)とばかりに加わった。

小野さんの力で黒土集団の活動は活発になり、順調だ。農業改良普及所の職員を呼んで勉強会をしたり、研修に出かけたり、あちこちの情報を集めて勉強している。彼女はメンバーのことを「黒土の仲間」と呼び、「黒土集団は、これから始まりというところ。病院通いしながらの年寄りが多いけど、ここに入ってみんな元気が出てきたよ。無理はせんようにして、やっていこうと思う」と言う。[9]

上竹ひまわりの会

婦人会活動の停滞は全国的な傾向で、賀陽町でもほぼ同様の状況である。ただし、前述のとおり上竹地区だけは活動が復活し、村おこしの会もこの地区にのみ存在している。上竹ひまわりの会は、こうした婦人会活動と村おこしが結びついた形で、九六年に設立された。メンバーは上竹地区の女性のみで、約一六〇人。年会費は一人三〇〇円で、町からは年間二五万円の活動費助成を受けている。

各集落の役員を決めるとき、工藤豊子さんは、「『当て職(名前だけの割り振られた役職)』じゃのうて、自分が一生懸命やる、という人が出てきなさい」と言った。実際には、当て職じゃない人が出てくるかどうか心配だったが、「各集落から、きちんと出てきた。おるとね、優秀な人材は。これまで、それを上手く引き出して活かすということをしてこんやっただけで」と語る。

九六年にできた加工場を使い、自家消費用と販売用に、さまざまな加工品を作ってきた。また、日本型食生活が健康な生活の基本という認識をもち、伝統料理を基礎から身につけるために、料理教室を開いている。会員の年齢は、子育て真っ最中の若い女性から高齢の女性まで幅広い。その代表も工藤さんである。おもな活動は、一月に味噌作り、一〇月下旬に上竹地区の祭りの開催、ふるさと小包の用意、一一月に研修旅行(希望者のみ)、一二月に甘

上竹地区の公民館で開催された上竹ふれあい祭り

酒作り（希望者のみ）など。また、豆腐は年間を通して作っている。

活動をとおして、若いお嫁さんから高齢の女性まで、食生活全般への意識が大きく変わったという手応えがあるという。焼き肉のタレ、甘酒、豆腐、味噌などは自分で作るもんだ、という意識ができてきた。それは、「購入するのはいけん、手作りじゃねえと」ということではなく、「おいしいんじゃもん。店で売ってるのを買うて食べるのとは味が違う」ためである。また、「一人で黙々と何か活動するのとは違い、年がいろいろの人たちがワイワイ言いながらいっしょに作る。話題も増えるし、楽しい」という声も多い。

なお、一〇月下旬の上竹地区の祭りは「上竹ふれあい祭り」と呼ばれ、九四年から九七年までの四年間は、ひまわりの会だけでやってきた。九七年は区長が出て手伝ってくれ、九八年は青年たちが「参加させてくれ」と言ってきた。だんだん、地区全体に広がっている手応えがある。

賀陽町上竹ピオーネづくりロマンの会（通称、ロマンの会）

九五年四月に設立された。ニューピオーネの作付面積が増える一方で、高齢化などによる労力不足が問題になり、とくに農繁期の作業の手伝いが必要となっていた。そこで、作業の応援をする組織をつくったのである。

このアイディアは、上竹地区の村おこし研究会の場で出されたものだった。それを具体化したのが工藤さんたちである。まず、作業の担い手となりうる上竹地区の農家四〇〇世帯を対象に、アンケート調査を行った。ピオーネの援農の意思を聞いたところ、一一人が「してもよい」と回答。そのなかから最終的に九人の女性が集まった。年齢層は三〇歳代から七〇歳代までと幅広く、六〇歳代が中心。年齢や時間の都合などがあって勤めには出られないが、午前中だけ、午後だけなら時間が取れる、というような人たちが時間給で働いている。メンバーについて、工藤さんは次のように話す。

「メンバーがええ人ばあ(ばかり)、なんじゃ。婦人会長を辞めた人、栄養士、調理師、栄養委員(町の委嘱で食生活改善などの指導をする委員)など、それぞれ仕事や役職をしていた人たち。学歴もそれなりにあって、知識や経験が豊富。そうした人たちが、みんな言いたいことを言い合う。思いついたことを出し合っている。みんな賢い人ばあじゃけぇ、他人の足引っ張ったり、悪口言うような人はおらん。農作業の休憩時間にちょっと集まって、いろんな話が出る。こないだは、『袋かける前の青いブドウを捨ててしまうのはもったいねぇな』いう話から、『ジュースができんじゃろうか』『やってみゅう』と話が進んだ。今日は、三〇分早く辞めて加工場に行って、いろいろやってみたところじゃ。

ロマンの会では私が一番年長じゃけど、私自身、年齢を感じん。『もう年じゃけぇできん』『黙っとこう』とか、ない。若い人たちもどんどん意見を出し合っている。『若いけぇ、意見はあるけど言えれん』いうようなこともない。四〇歳の人がいても、年齢の差を感じんよ」

ロマンの会では、作業の支援のほか、ピオーネジャムやピオーネ煎餅などの加工品も開発・製造・販売している。

（3）長浜知さんがかかわる集団

吉川有機無農薬生産組合(吉川組合)

九三年度から、岡山県の有機無農薬農業の事業に取り組んだ。代表は長浜さんである。一〇人ほどでスタートした野菜作りのグループ。九七年に合鴨農法での有機無農薬米の集団をつくったとき、ほとんどのメンバーがそちらへ比重を移したため、いまは実質的に野菜を作っているのは二人だけ。このまま組合消滅というわけにもいかないので、今年あたりからメンバーを新規に募る予定だという。

新メンバー確保の目途はもう立っている。将来的には賀陽町全体で一つにまとめたほうがいいと思っているが、いまは吉川組合があまりに勢いがなく、うまくいっている月原組合と黒土集団にいっしょになろうやとは、ちょっと言いにくい。これまでは、青空市対応と自分の出荷対応だけをそれぞれでしてきた。新しい人に対しては、市場出荷対応を考えるように指導している。

賀陽町有機無農薬米研究会

九七年度から、県の有機無農薬の事業を実施している。メンバーは五人で、一haからスタート。九八年現在、メンバーは、三〇歳代後半から六〇歳代まで計一〇人。面積も三・八haと増えた。中心になっているのは、四〇歳代後半から五〇歳のあたりの人たち。「一家の主人」のような人が入ってきている。一人を除いて吉川地区在住だ。

長浜さんは、「仲間に議員を連れ込んどる、新しく町議が一人。県議も『やりてぇなあ』言うとった。こんな人たちを呼び込んで、増やしていきたい」と言う。メンバー全員が「面積をもっと増やす」と言っているので、仮に一人一haくらい増やすとしたら、さらに一〇haは増えることになり、もっともっと面積は拡大しそうな勢いだ。研究会の代表は立川一郎さん（仮名）だが、実質的なリーダーは長浜さんである。

「これまで、（メンバーを）ちったあ甘やかしすぎたかなあ。雛は田んぼに放す直前まで私が育てて、みんなに配ってきた。雛を田に入れるのが、みんなの後後になる、つれえとこ。どうしても、（自分の田のことが）後手後手になる。これからは、少し自立してもらわんと」（長浜さん）

長浜さんが合鴨農法をすんなりと受け入れた背景には、鶏が好きだったことや飼育の知識と技術をもっていたことがある。立川さんが合鴨農法をやっているのを見て、おもしろそうだと気にかけていたし、野菜の研修会に行って、合鴨農法について聞いたこともあった。鳥は昔から好きで飼っていたから、合鴨を飼うことも苦にはならなかったと話す。

「烏骨鶏《うこっけい》をもう二四～二五年前から、まだ、だーれも烏骨鶏のうの字も言いようらんころから、私は飼うとるんじゃけ。私のこと、高松農業高校の園芸科出身と思うとる人が多いけど、本当は畜産科出身なんじゃ。中小家畜、豚と鶏をやりょった。合鴨はその応用編。普通の農家なら手間取るじゃろうけど、私はそういうわけで何も苦労せんかった」

合鴨米の流通経路は、まだ固定的なものはない。当面は、ある程度評価をあげて、少しでも高く売りたいと思っているが、農協の理事という立場上、農協へ半分くらいは出荷しなければならないかもしれないとも考えている。

また、長浜さんは、新規のメンバーを誘うとき、気をつけていることがある。

「この有機の事業（米も野菜も）は、とくに勉強しながら進めていかないかんから、我を出すような（わがままを言うような）人だと困る。ある程度、腹入り（頭に十分入った）した時点で、自分はこう思う、こうする、言うんはええんじゃけど、他人のをかじっちゃれー（つまみ食いのようにする）というような人は、入ってもらうとこちらが困るんで、気をつけている。それから、補助事業を取ろうとするとき、転作関係を協力していないと補助が下りんことがある。文書やこ(など)県から来るわけじゃないけど、口頭ではそう言われる。だから、私も事業の説明をするとき、最初に口頭で口うるそう言うことにしている。でないと、転作は協力せん、自分のしたい事業だけはくれ、言うのは、あまりにも自分勝手、他の人にも迷惑がかかる」

イベントクラブ

二一世紀の村づくりに関連する県の補助事業で、三年ほど前にできた。当時、岡山大学の目瀬守男先生がコンサルタントをやっていた。名簿上は七人いるが、実際には六人で動いている。男三人、女三人。自家の農業経営の内容はさまざまで、米専作一人、花卉一人、野菜と水稲一人、野菜と水稲と肥育牛が一人、ピオーネと水稲が一人、あと「いろいろやりょうて、何しょうるかようわからん人(長浜さん自身のこと)」が一人。最初は男四人、女一人だったので、「女が足らんねえ」といって、女性を二人増やしてできた。

イベントクラブの目的は、青空市でただモノを売るのではなく、客寄せができるようなイベント、PR的なことをやることである。メンバーは吉川地区に固まっていて、年齢は最年長が五〇歳前後、あとはもっと若い人たちだ。

農閑期には月に一回、倉敷市の青果市場に呼ばれて朝市をやる。一一月か、遅くとも一二月から四~五月までで、餅つきイベントなどもする。これは、青果市場が「市場近くの地区の人たちのために開いてくれ」と頼んできたものだ。最近は、岡山生協の倉北店(コープ倉敷北店)で、毎週土曜日に「賀陽町の日」を始めた。イベントクラブとして月に一回、受け持っている。

「段取りつけて行くとなると、一日限りでなく、二~三日続けてやったほうがええ。でも、わしらはイベント屋じゃないけぇ、生産者じゃけぇな。売るばあならええけど、生産者の立場じゃけ、それを忘れちゃあ、おえまあ(いけないだろう）。家のこと放っといたらいいけんけえ、しっかり作らにゃ。売るものがねえちゅうことになる。そうすると、せいぜい月に一回か多くても二回」（長浜さん）

4　リーダーの特徴と周囲への影響――事例から読みとれること

異質性が高く、農村社会の拘束を崩そうとする考え方

二人のリーダーの共通点は、「異質性の高さ」にある。ともに、農家および家のあととりとその妻という立場であるため、農外就労をしていた時期においても、農業や農村社会と切り離された位置にいたわけではない。しかし、ある距離をもって農業や農村社会を見られる位置にいたし、農業以外の職業に長年従事してきたことによる豊富な経験、とくに自己決定・自己責任などが常に問われる社会的環境で仕事をしてきたことが、従来の農業一筋の人びととは決定的に異質である。

これに加えて、個人的なパーソナリティーも関係していると思われるが、話好き、好奇心旺盛、友人・知人が多い、研究熱心、積極的、前向き、楽しむことを知っている、などの特徴は、多くの人びとを引きつける魅力のもととなっている。仕事を辞め、農業に本気で取り組むようになってからも、それぞれの生活世界は豊かな広がりをもち続けている。自家の農業経営、農家経営を超えた領域での活動も多く、常に周囲の人びとと結びつき合う形で、日々の行為が積み重ねられてきた。その結果、すでに見たとおり、いくつかの社会集団を組織化し、その中核メンバーとして活動する生活が組み立てられている。

二人がどこまで自覚的かどうかは別として、新たな編成原理による家やムラ、農業の再編成を時代の不可避の流

れと直感し、それを実践してきたことは、明らかである。

「もう、昔みてぇなこたぁ、言うちゃあおれん。年齢や地の人かどうかは、昔ほど意識してない。部落の会合で、思うことはみんな言う。だいぶ、変わってきた。昔は席順やこも言うてたけど、二〇～三〇歳代はそう考えようらん、空いたとこに座る。早う来た人から奥に座る。四〇歳から上の世代が、まだまだ考えようる。私らがややこしいところ」（長浜知さん）

「男じゃ、女じゃ、年が上じゃ、若いじゃ、肩書きが何やら、などといろいろ言うとっちゃ、ええようにはいかん。思うたことが言えたり、したいことができるようにせにゃ。当て職もだめ、本当にそれをやっちゃろう、いう人が役につかんと。一人ひとりが自分のすること、言うことに責任をもたにゃあ、『誰かに言われたから』とか、そねえなことじゃのうて。何かやろうとすると、田舎の人は『そねえなこととして、おえるもんか（できるものか）』と言う。だから、発展性がない。やりたいことがあれば、やればええ、失敗しても自分の責任。誰かがやってくれることを待ちょうってもいけん、自分で始めにゃ。何でも自分たちで、というわけじゃない。お金や知恵を出してもらえるところがあるなら、そこから出してもらえばええ」（工藤豊子さん）

二人の基本的考え方には、年齢、性別、家格、職業、出身地などの、従来農村社会における人びとの行為を拘束してきたさまざまな属性を、一つ一つ崩していこうとする姿勢がある。

周囲の農業観の変化

二人が周囲の人びとに与えた影響は、多大なものである。農村で農業をしながら生きていく人びとにとって、二人がそれぞれ身をもって示してきた肯定的農業観・農業者観は、価値観の大転換ともいうべき大きなインパクトを与えている。

農業観についていえば、有機無農薬農業への取り組みをとおして、自分にとっての農業をどのようなものと捉えるかという視点によって農業の見え方はいかようにも変化することに、人びとは気づいた。中高年の女性や高齢者たちは、農業を産業という視点からのみ捉えるのではなく、「自分の人生の中核をなすもの」あるいは「生活の一部、一体化したもの」という生活の視点から捉えようとしている。農業は「生活そのもの」だから、「楽しみ」や「ゆとり」や「やりがい」や「友だち」が必要だ、と思うようになるのである。これらは、コストや効率性を最優先させ、それでもなお得るものが少ない（経済的にも精神的にも）と考えていた従来の農業観からは、思いつきもしなかったことであった。

もちろん、限界もある。工藤さんたちは有機無農薬野菜を大阪市場に出荷しており、既存の流通経路に乗っているかぎりにおいては、生活の視点だけを貫くことはできない。市場出荷をめぐる一連の行為連関において、「今年はピーマンが値崩れした。おいしく立派なのができた（使用価値としてはすばらしいできばえ）のに、それを畑で腐らせるしかない、おかしいねぇ」という状況は、常に生じてしまう。

では、長浜さんたち「一家の主人」たちの農業観はどうであったか。長浜さんは、合鴨農法の魅力について次のような話をしていた。

「春先の田んぼは、楽しいんで。カブトエビやらホウネンエビやら、いっぱいおって。合鴨農法をすると、田んぼに行く回数はたしかに増える。そのほかにも、他人が合鴨に餌やってくれる、楽しいんだろうな。見に来たり、『また、ここで飼うん』と聞いてくれちゃる。合鴨米はたしかに有利に販売できるけぇ、それは大きな魅力じゃけど、それだけじゃねぇ、金だけじゃねぇんじゃ」

有機無農薬野菜を作ることについても、「付加価値が付いて高く売れるから」という点だけが、彼らをひきつけているわけではない。「農業自体のおもしろさだ」と言う。

「ずーっと農業ばあの人は、頭が固ぇ、コッチコチ。僕がいくら言うても、頭に入りゃあせん。でも、それじゃあ、おえん。別の仕事しょうったような人のほうが、頭がやわしい(やわらかい)。有機をするには向いている。ふーりー(古い)人は、化成肥料や農薬の崇拝者じゃけん。あっ、こりゃ、言いすぎたかな。でも、ほんまじゃ、だいぶしつこう言うても、頭が切り替わらん、かーてーんじゃ。昔の人は、『百姓はばかでもできるがな』と言うとったけど、僕は『そうかなぁ』思うんじゃ。決まったものを作るんなら、頭使わんでもできるかもしれんけど、いろいろなものを作ろう思うたら、教科書読まんとだめじゃが。それから、自分なりに考えたり工夫したりもいる。百姓は頭がようねえといけん、思うんじゃ」

他者が農業者をどう見ているかは、農業者自身にとって、とても大きな意味をもつ。つまり、「農業は誰でもできる」という見方をされている場合、農業者である自分自身についても、それほど肯定的な自己をもつことはできない。一方、「農業こそ頭をたくさん使う仕事だ。賢くないとできない」という見方は、農業者自身の自己規定を大きく変える。工藤さんに影響を受けた中高年の女性たちは、「女性の農業者である」という二重の意味で肯定的自己規定をもちにくかったと思われるが、それが大きく転換した。また、長浜さんに影響を受けた「一家の主人」たちも、自己の農業者観を転換させたり、あるいは肯定的農業者観を最初から身につけている。

社会は変えられる、という感覚

客観的な意味では、社会規範は、その社会の成員たちの行動のガイドラインとなるものである。しかし、農村においては、家やムラ、そのほかさまざまな集団・組織に関する社会規範が、ある特定の人びとの行動を大きく規制してきた。本章で取り上げた、女性・農業以外の仕事をしていた人・家格の低い家など、その属性ゆえに、個人の努力とは別の次元で大きな制約が生じていた。

しかし、これらについても二人のリーダーが与えた影響は大きい。集団を組織するとき、本当にやる気のある人だけをメンバーとして募集したり、役職者に求めたり、という方法は、属性をほとんど問わないことを意味する。問われるのは、その活動に対するやる気や能力といった、個人の努力と実力の次元である。これは、それらの集団における各メンバーや役職者の主体性を伸ばすことに大いに役立っている。また、組織の運営において、年齢・性別・家格などの従来のしがらみにとらわれず、思いついたことや言いたいことをメンバー全員が言えるようにする、というやり方は、一人ひとりの力を大きく引き出したり、伸ばしたりした。

そのような新たな集団と運営方法によって、その集団の目標が一つひとつ達成されることを、人びとは自分の経験として目の当たりにしてきた。そうやって得たものは、「自分の力、個人の力で、社会は変わる」という感覚である。従来からのさまざまな社会規範から自由になり、自分は何をしたいか、何をしたくないのか自己決定し、その結果に責任をもつ。その繰り返しを活動のなかであたりまえにやっていく人たちが、少しずつ増えていく。そうした変化は、各家々の家族関係、たとえば夫婦関係や嫁姑関係の変化としてうかがうことができる。

仲間づくりの重要性

今回の調査をとおして、農家の日常は家ごとの孤独な作業が多いことがわかった。これは、農村研究においてほとんど指摘されてこなかったことである。農家の人びとにとって、何らかの集団に所属することは仲間づくりや友だちづくりを意味し、農作業の孤独感からの解放、視野を広げる機会となっている。それは、農外就労していない農家女性たちに、とくに大きな効果を発揮していた。

「有機のグループに入ると、友だちができる。他人のことを悪く言わなくなる、言う暇がなくなる。言う気もなくなる。お嫁さんが、お礼に来るようになった。『うちのおばあちゃんが、ようなった。ありがとうございます』

言うて。ものが進み出したら、楽しいしね」(小野綾子さん)

「有機のグループを始めてよかったことは、お金になることもだけど、家庭円満になったこと、それが一番うれしかった。年齢が七〇歳になりよっても、することがあると、みんな楽しそう、生き生きしとる。年とっても集中してすることがあると、家の中でぐじゅぐじゅ言わずに過ごせる。楽しみやすることがないときは、近所のおばさんのとこへしょっちゅう行っては、悪口言うて回りょった人も、それをしなくなる。本人にとっても、まわりの家族にとっても、それがいい。毎月一回は、研修会や寄り合いやと必ず出るから、きれいにもなる。研修旅行も楽しい。去年は市場を見学した。どんな流通でいきようるかを見てきた。研修をみんな楽しみにしている、年が行くと出ることが少なくなるから。有機の会では年齢は関係なしに活動してるから、みんな若返ってきた」(工藤さん)

5 残された課題

本章では、異質性の高い個人が、農村社会における新規の集団において新たなリーダーとして活躍し始めている事例を取り上げた。有機無農薬農業の野菜作りや合鴨農法による米作りを行ういくつかの集団は、その目標達成以外にも大きな成果をあげている。リーダーを中心に、人びとが従来の社会規範から離れて、新たな農業観・農業者観・社会観をつくりながら、自分の活動を広げていくのである。

ただし、本章で扱いきれなかった課題が二つある。

一つは、既存の集団・組織において、異質性の高い個人がどのような存在として行為しているのか、ということである。新規の集団においては、新たな社会規範の適用が比較的容易でも、既存の集団・組織がもつ社会規範を変えることはなかなか困難である。当然、さまざまな葛藤が生じる。農家女性たちは、有機農業や加工品の製造・販売、直売所の運営といった自分たちの新たな活動によって家やムラとの間で生じる緊張関係をどのように解消してきたのか、第8章で述べる。

もう一つは、本章で注目した二人のリーダーの相違を論じることである。今回の調査では、長浜知さんは自分の好きなことややりたいことをやろうと「努力している」感じを受けた。工藤豊子さんからは、「より突き抜けた」感じを受けた。工藤さんは、農協や町役場、県などの既存の集団・組織の事業・行事において、意見があれば会議などの公的な場で、率直に発言しているという。「女性」で、かつ「高齢者」という周辺的特徴と同時に、元教員としての経験や知識・能力と豊かな人間性などが合わさって、自由にものが言える状況がつくり出されているのではないだろうか。一方、長浜さんは、「成人男性」で、かつ「農協の理事」という中心的特徴ゆえに、新しいことを進めていくには制約もまた多いと、本人自身に感じられるのかもしれない。

（1）徳野貞雄「農業危機における農民の新たな対応」日本村落研究学会編『年報村落社会研究　転換期の家と農業経営　農村社会編成の論理と展開Ⅱ』第二六集、農山漁村文化協会、一九九〇年。

（2）靏理恵子「岡山県下における有機無農薬農業のとりくみ―行政主導型事業の事例―」『順正短期大学研究紀要』第二三号、一九九五年。

（3）初出は靏理恵子「農家の女性が『自分の財布を持つこと』の意味―行為主体・その家族・当該地域社会に与える影響について―」『順正短期大学研究紀要』第二五号、一九九七年。加筆修正して、本書第1章。

（4）初出は靏理恵子「農家の『嫁』から農家の『女性』へ―長崎県壱岐島のある女性のライフヒストリー―」『順正短期大学研究紀要』第二六号、一九九八年。靏理恵子「家庭菜園と農家の女性―アンペイド・ワークの視点から―」女性民俗学研究会編『女性と経験』二三号、一九九八年。加筆修正して、本書第5章、第2章。

（5）たとえば、私がこれまでにフィールドで出会った人びとを岡山県内に限って数名あげてみる。以下、年齢はすべて一九九八年調査時のものである。川上郡川上町（現・高梁《たかはし》市）の田上義郎さん（七〇歳代）は、町役場を定年退職後、自家の農業に本気で取り組み始める。同時に、自分の住む場所としての地域にも関心をもち、農産物の無人市を同じムラの住民と独自に始めた。その後、県が推進する有機無農薬農業に取り組み、現在も精力的に活動中。「高梁地域有機無農薬農業推進協議会」の会長として、高梁地方振興局管内（高梁市、上房郡三町、川上郡三町の計一市六町）の一二の生産集団を引っ張っている。井原市の「井原市ぶどうの里運営協議会」会長の中尾敏朗さん（仮名）（四〇歳代）は、九二年度に地域の活性化をめざし、兼業農家も含めた二〇歳代～四〇歳代の青壮年一二人で、「ぶどうの里運営協議会」を結成した。一二名中、専業のぶどう生産者は二名だけ。あとは、大工、建設業、団体職員、共済組合、農協など、農業以外の他産業に従事している。とはいえ、家の後継者であり、親の世代が年を取ってぶどう生産ができなくなれば、後を継ぐ予定である。そこで、彼らを、農家と農業両方の「潜在的後継者」と位置づけ、異業種で培われた各人の能力をフルに活かし、地域にインパクトを与えることが期待されている。そのほか、後月《しつき》郡芳井町（現・井原市）明治地区の「明治ごんぼう村」村長の長谷川浩さん（仮名）（七〇歳代）、小田郡美星《びせい》町（現・井原市）の（株）星の郷青空市社長張谷和弘さん（三〇歳代）、高梁市宇治町彩りの山里の川崎幹子さん（六〇歳代）、苫田郡奥津町（現・鏡野町）長藤の友田章子さん（仮名）（六〇歳代）など、多数おられる。

（6）お二人には賀陽町における有機無農薬農業への取り組みについて、お話をうかがった（靍理恵子「農協と行政がすすめる有機農業―岡山県賀陽町―」桝潟俊子・松村和則編『食・農・からだの社会学』新曜社、二〇〇二年）。

（7）その後、賀陽町も含む、高梁地方振興局管内の有機無農薬農業生産集団のネットワークができ、大阪市場へまとまった量の出荷を定期的に行うようになったり、地元スーパーや直売所などでしだいに認知されてきている。

（8）小野さんは、「おばあさんの使い捨てじゃ」と言っておられた。農村家族における祖父母役割の変化については、靍理恵子「農家の年寄りのアイデンティティに関する語り―農村でのフィールドワークから―」（女性民俗学研究会編『女性と経験』二六号、二〇〇一年）、「複世帯制家族の変容と年寄りの位置―長崎県壱岐島の事例―」（『順正短期大学研究紀要』三〇号、二〇〇二年）で述べている。

（9）黒土集団のメンバーの一人、加藤千恵さん（仮名）（女性、七〇歳）は、グループに入るまでや入ってからについて、以下のような話をしてくださった。加藤さんは豊野地区在住で、グループに入ったのは九七年一二月から。そのずっと以前から、小野綾子さんに誘われていたが、家族の協力が得られそうになく、自分一人でできるかどうか不安だったため、なかなか加入に踏み切れなかった。若夫婦と孫は仕事をもっており、家の農業はおじいさん（加藤さんの夫）と加藤さんの二人でやってきた。黒土集団加入後も、おじいさんは、「予防（農薬を使うこと）せんでできるもんか、そえなことしてもおえん」と有機無農薬農業に対して否定的で、まったく協力してくれない。仕方ないので、加藤さん一人でできる範囲で取り組んでいる。けさ（九八年八月のある日）は出荷があったので、午前四時に起きた。ふだんは五時に起きて、お弁当を作る。有機のグループに入るなら、農地の登録をせんといかんということになって、さて、困った。加藤さんは嫁に来て、畑の番地やら面積やら何も知らずにきたからだ。ただ、作るだけ。何十年もそうだった。おかしいね、自分の作りょうる畑の番地も面積も知らんで。でも、知らんでも作物は作らるっとじゃけんね。おじいさんは「わしゃ、知らん」と言ったので、息子に頼んだ。「役場行って、番地やら面積を調べて来てくれ」と。息子は「わかった」といい返事をしておきながら、二～三カ月もほっておいた、それで私は他の人たちより登録が遅れて、一二月になった。ほんに、（家族の）協力がない。七〇歳の手習いですけぇ、どこまでできるかわからんけど、一生懸命みなさんについていこう思ようる。やっていて楽しい、研修会やら何やらいうて出ていく機会も増えるし、友だちも増えて。私自身、もう何十年も薬を使わずに野菜を作ってきた。米もなるべく予防せんようにしてきた。そうしてきたのは、①実家で薬を使うと土が硬うなったり、作物がようできんようになるのを見ていた、②除草剤いうても根まで枯らすわけじゃないから、立ち枯れしたようなものを結局自分で取らんといけん、それなら最初から草がこまいうちにとってぇたほうがええ、③健康面、などの理由から。おじいさんはいまも、「予防せんでおえるもんか」と言うて、知らん顔している。だから、私一人でできるだけやります。おじいさんは七五歳、もう年じゃけ、めんどくさいことはしたがらん。もともと細かいことはせんできてるし。私が五〇歳のとき、胃を悪くして入院したことがあった、そのころ、二〇世紀梨を作りよった。私がほとんど全部袋かけして、おじいさんは剪定などをしていた。退院して帰ったら、全部、木を切ってしまっとった。「自分では管理ができん」言うて。そえな人じゃけ、「薬も化学肥料もふらんと」というようなことはやろうと思わんのだろう。

第7章　食と農をつなぎ、地域を創る

1　自給的部分の削ぎ落としと食農分離

本章では、第二次世界大戦後の農業の近代化過程で生じた弊害を農家女性たちの取り組みがどう乗り越えようとしているかを概括的に捉える。それをとおして、農家女性の社会的地位が家族・地域社会内部での向上にとどまらず、現代日本社会全体においても変革主体として重要視されつつあることを明らかにする。

一九九〇年代に入ったころから、全国各地の農村において、食と農をつなぎ、地域をつくる試みが顕在化してきた。食と農をつなぐとは、食と農にかかわる人と人が相互作用をとおして何らかの社会関係を構築することである。さらに、地域をつくるとは、そうして構築された社会関係をもとに地域が再編されていくことを指す。本書で述べてきた農家女性の活動が、その食と農をつなぎ、地域をつくる試みの一つとして位置づけられることは間違いないであろう。

戦後、日本農業の変化を一言で表す言葉は、農業の「近代化」である。機械化・化学化(農薬・化学肥料の多投)による大規模化・単一作目化志向は、農家の意識に大きな影響を与えた。効率性の追求やコスト削減という目標の前に、農家経営や農家生活において「お金にならない(なりにくい)部分」の活動は意味をもたなくなり、削られていく。家庭菜園が荒れ、味噌・醤油・豆腐・漬物などの加工品を作る家が減り、野菜を買う家も増えていった。これを、「自給的部分の削ぎ落とし」と呼ぶことにする。兼業化の進行による農家家族員全体の労働強化は、それにいっそう拍車をかけ、異なる意味で「時は金なり」という意識が農家の人びとの間に広がった。

私が壱岐島でのフィールドワークを始めたのは、一九八〇年代なかばからである。とくに、旧石田町（現壱岐市）本村触におけるインテンシブ（集約的）調査では、戸数四〇戸ほどの本村《ほんむら》触のみなさんから、たいへん親切にしていただいた。とりわけ、すばらしい話者として毎回通ったのが、明治三二（一八九九）年生まれの福田音十《おとじゅう》さん。私を孫のように可愛がってくださった彼が、八〇年代後半ごろつぶやいた言葉がある。

「近ごろの農家は野菜ば買うっちゅうで（野菜を買うそうだ）、どげんなったとやろか（どうなったのだろう）。わが家で食べるものは何でん作るちゅうとが百姓たい（何でも作るというのが百姓である）。農家ち言うけんいかん、農家じゃなか、百姓だ。ハタラキ（農外就労を指す）ばっかり頑張って」

これは、兼業化の深化と自給的部分の削ぎ落としが進行していく状況を端的に批判するもので、私のなかでとても印象深く残っている。福田音十さんは、農家の暮らしが根底から大きく変わってきている様を、深く憂慮していた。自身の家庭菜園は嫁の八重子さんの手により管理が行き届いていたが（五九ページ参照）、それは八重子さんが農外就労せずに自家の農業に従事していたためである。同じ本村触でも、農外就労に出たり、施設園芸やタバコ作など専業農家として多忙な家の場合、家庭菜園の管理はおろそかになりがちであった。

資本主義の深化は、農業の「近代化」とともに、農産物の流通体系も大きく変えた。その結果、おもに農家の関心は、生産し、出荷する段階までとなり、出荷後、どのような経路をたどり、どのような人びとの口に入るのかは、関心の外になる。「消費者のニーズ」という言葉の前に市場の規格が第一となり、味や安全性へのこだわりは薄れた。消費者の側からも、生産の現場は見えないものとなっていく。

これを「食と農の分離・断絶」と呼ぶとして、それが生産者と消費者、それぞれに与えた影響は、多大である。農家の食生活というと一般的には、採れたての新鮮な野菜や果物などが豊富に食卓に上っているようにイメージしがちであるが、多忙な生活のなか、インスタント食品の多用や栄養バランスが必ずしもとれていない状況も生まれていった。消費生活運動にかかわりをもつような特定の消費者層を除けば、大半の消費者の食生活も推して知るべしの状況であった。

2　食と農をつなぐ試み

有機農業運動の広がり

こうした「食と農の分離・断絶」に対して、一九七〇年前後から、ごく少数の農業者と消費者の間で、農業・食べ物・社会のあり方を問い直す有機農業運動が始まった。七一年、日本有機農業研究会(以下、日有研と記)が設立されたことは、その象徴とも言える。(1) 日有研は、六〇年代から顕在化してきた公害問題、添加物など食品の安全性への不安、農薬や化学肥料多用による近代農業への疑問、科学万能主義や経済優先主義への疑問などを背景に、安全で安心な作物の生産および消費を実現し、真の豊かさを考えようとする農業生産者、消費者、研究者などが集まってできた組織である。

日有研の会員は、それぞれの地域で、生産者と消費者の間に「提携」という関係をつくっていった。山形県高畠町、(2) 千葉県三芳村(3)(現・南房総市)などがよく知られている。また、会員以外でも、全国各地に点々と有機農業の実践者が生まれ、そのまわりに消費者が集う形ができていく。それは、生産者と消費者が単に農産物を売る・お金で買うという経済的関係性のみで結びつくものではなく、農産物のやりとりを契機に双方の暮らし全体が結びつくような、まったく新しい関係性構築をめざしていた。

六〇年代後半から発生したこうした有機農業の取り組みは、単に農薬や化学肥料を使わないという農法の変更ではなく、農業・社会・暮らし・人と人との関係などを根底から問い直す、ラディカル（根源的）な社会運動である。そのため、「変わり者」扱いされることも多く、有機農業者たちは農業技術面での苦労だけでなく、地域社会内部における社会関係においても、さまざまな困難をしばしばかかえていた。

個人の取り組み、あるいはまったく新たな集団によって有機農業の実践が広がっていったほかに、農業協同組合が核となって取り組む動きも生まれた。秋田県仁賀保《にかほ》町農協[4]、岡山県岡山市高松農協[5]、大分県下郷《しもごう》農協[6]などがあげられる。多くの農協が近代化農政に従う形で事業展開をしていったのとは対照的に、これらの農協は近代化農政への疑問から出発している。七〇年代に入り、地域で顕在化してきた諸矛盾が、近代化農政に起因することに気づいたと言えよう。単一作目化、化学化、生業から産業への転換（経済性や効率性という尺度）などは、近代化農政の本質的特徴である。前記の農協が存在する地域では、そうしたことに馴染まないものが多々あることに、農協関係者や農業者が気づいていったのだ。

たとえば、作目をしぼり、規模拡大し、産地形成ができる地理的条件をもつところは、日本国内ではごくわずかで、多くの中山間地ではほとんど不可能である。また、平地農村においても、農薬・化学肥料の多投による生産者への健康被害は顕著で、周辺の環境汚染も認識されていた。兼業化が深化し、農家の家計全体としては豊かになっていく一方で、労働強化や生活様式の激変によって、豊かな生活とは何かについて考え直そうとする人たちも出てきた。

地域によって細かな事情に違いはあるが、めざしたものはかなり共通している。つまり、一見、昔に帰るような有畜複合経営や有機農業のもつ重要性や、農業は生活そのものであることへの気づきなどが意識化され、運動としての側面を強く保持しつつ、農業生産や農業協同組合事業が展開されていったのである。そして、巨大化する流通体系とは異なる別の流通経路（産直、直売所など）をもつことで、地域内の小さな農家（兼業農家も含む）の力を引き出し、大きな成果を上げてきた。

やや遅れて、八〇年代に入るころには、先進的な自治体において、自治体主導の有機農業の取り組みが生まれていく。宮崎県東諸県《もろかた》郡綾町(7)や岡山県(8)などが、あげられる。九〇年代以降、有機農業や有機農産物という言葉はかなり認知されるようになり、七〇年代から有機農業に取り組んできた地域においては、すでにかなりの定着を見せている。しかし、他に目を移せば有機農業の地域的展開はまだまだである。

農村内部での試行錯誤

高度経済成長期以降、多くの農村で過疎化・農業の衰退・地域社会の衰退などが問題となり、試行錯誤が繰り返されてきた。そのなかで実を結んだものの一つが、八〇年代後半ごろから全国各地で急速に広がった無人販売所、直売所など女性の取り組み、すなわち農村女性の起業である。これは、農家女性や高齢者たちに「自分の財布」を持たせただけでなく、農業者としての誇りや自信を与え、家やムラでの関係性にも変化を与える。

従来、農村では、家でもムラでも、集落の寄り合い、農事組合や農協の集会、農協の生産部会など「表に出る部分」は、おもに男性が担ってきた。農業および農家の経営内容の決定権も男性が握り、女性たちはおもに「後ろから支える部分」を担ってきた。寄り合いでのお茶くみや代理出席、農事組合その他会合への代理出席、経営内容・労働配分などの決定事項に従って動く、家事労働全般、育児と介護などである。

農業生産や農家生活で「お金にならない（なりにくい）部分」（＝自給的部分）は、おもに女性の役割だった。その典型は、家庭菜園の管理運営と農作物の調理・加工で、農家の食卓をまかなってきた。農業の「近代化」過程で、女性たちも農外就労に従事したり、安定農外就労の男性に替わって自家の農業経営の中心的担い手になるなか、自給的部分にかかわる活動がしだいに「やせ細って」いったことは、すでに述べたとおりである。しかし、それに対する反省も、早い地域では七〇年代から、農協婦人部活動や普及所の生活改善活動の一環として、農家の暮らし見直し運動を契機になされていく。前述の壱岐島における家庭菜園の復活・再生、農産物加工とその商品化、余った農作物の売り場を求めての直売所、無人販売所づくりは、その典型であった。

3　中山間地の暮らしを都市に伝える

農家の自給的部分の再評価

岡山県新見《にいみ》市千屋花見《ちやはなみ》地区に、一九八〇年代初め、大阪からＩ・Ｕターンして以来、平飼い養鶏を中心に有機農業と自給的生活を続けている吉田さん夫妻がいる。夫の元一《もといち》さんは大阪の商家の生まれ、妻の和恵さんは千屋花見地区の農家の出身だ。大学の農学部でともに学び、結婚。元一さんは大阪府職員として勤務し、和恵さんは主婦として家事・育児をしてきた。一〇年ほどの都会生活の後、和恵さんの実家がある花見地区（新見市街地から車で北へ約四〇分）へＩ・Ｕターンした。田舎でのびのびと子育てや暮らしを送りたい、有機農業で過疎地の再生に役立ちたい、という思いだったと言う。

それから現在まで、卵・米・味噌・醤油・しいたけ・野菜などの生産物・加工品を作り、「提携」（消費者個人もしくは団体と直接結びつく）という関係を大切にしてきた。「花見通信」というガリ版刷りの通信を二カ月に一回発行し、提携先の消費者に届けている。農作業や吉田家の日常のほか、政治・経済・社会などの時事問題に対する吉田さん夫妻の考えが述べられていたりする。「通信」は吉田さん夫妻の生活の様子を知り、自分自身の生活を振り返る役割をもっている。

千屋地区全体でも高齢化が進み、耕作放棄地が増えてきた。吉田さん夫妻への耕作委託依頼も増える一方である。夫妻は、典型的な中山間地農村である千屋地区において自分たちも含めた地域の人びとの暮らしを成り立たせていくにはどうしたらよいか、ずっと考えてきた。そして、それは、千屋地区のほとんどの家が兼業農家として生活を維持しつつも、百姓としてさまざまなものを作り、自給部分を豊かにすること、そうした暮らしのあり方を都市の人びとに知らせ、共感を呼ぶことではないかと思い至る。

田んぼトラスト

二〇〇六年、吉田さん夫妻は地元の農家数人の仲間とともに、「田んぼトラスト」という試みを始めた。〇四年に夫・子どもとUターンしてきた四〇歳代の女性藤井恵子さん(仮名)を代表に、集まってきたメンバーは多彩な顔ぶれである。建築業を営む農家兼イノシシ撃ちと解体の名手の六〇歳代男性、キノコや山菜にたいへん詳しい六〇歳代の地元農家男性、獣医師兼肥育牛農家の五〇歳代男性、千屋地区と隣接する地区で地域おこしの活動を続けている六〇歳前後の男性、農業が趣味で食農教育の重要性を認識し実践する教員の五〇歳代後半男性、中山間地の農業再生に取り組む農業改良センター普及員の四〇歳代男性……。トラストに応募してきた消費者たちは三十数人で、吉田さん夫妻のつながりが多いが、藤井さんの大学時代の友人や知人、新聞記事で申し込んだ人も見られた。

トラストの対象となるのは藤井さんの田んぼだ。一口一万円の出資者を募り、折々の農作業やその他農家の暮らしにふれてもらうことをとおして、千屋地区の農業や農山村への理解を深めることをめざして活動している。始めたばかりであり、農家側のメンバーは吉田さん夫婦を除けば、消費者との交流をはじめとするこうした活動は初めての経験だから、試行錯誤の連続である。

吉田さん夫婦は、千屋地区の多くの農家がめざすのにふさわしいモデルは自給的農業だというかなりの確信をもっている。それは、吉田さん夫婦の長年の実践のうえに成り立っているものだ。一方、他のメンバーはだいぶ経験を異にしている。多くは、近代化農政に従ってきた人びとである。したがって、吉田さん夫婦がさらりと口にする農家の自給的部分の再評価について、現時点では十分に納得しきれていない人もいる。異なる考えの人もある。ただ、トラストの活動をとおした吉田さん夫婦の考え方や取り組みの実際は、取りまく人びとに大きなインパクトを与えている。トラストのメンバーと参加者が田んぼの草取りで集まったとき、元一さんはこう話してくれた。

「千屋で、こんな山の中で、選択的拡大とか言うたかて、できるはずない。中山間地の補償だって、金額はしれとる。もう、いいかげんお上は当てにならん、いうことをみな百姓は肝に銘じなあかんのに、まだ頼る気持ちがある。百姓の暮らしは、やっぱり、基本は自給なんや。僕ら、食糧危機が来ても全然怖いことない、飢える心配ないもん、ゼロやな。真っ先に飢えるのは、あんたら（注：調査者である筆者やトラストの参加者）のような都会の消費者や」

「自給が基本の農業を、千屋のような中山間地こそ率先してやるべきやと思う。何も、専業農家になれ、言うとるんやない。専業やと、なかなか食われへん。兼業でもええんや、新見の町に働きに行って、現金収入得てきてもな。週末や空いた時間なんか見つけて、自分とこで食う野菜や米くらいは作って、鶏も飼うて、卵採ってな。そういうことし始めたら、食生活も変わるし、暮らし方も変わる。いろんなことに気づくようになる。千屋は何もなくて嫌やなあ、もっと便利なとこに住みたかったわ、などとぼやきながら生きてたって、つまらんやろ。どうせここで生きていくしかないんやったら、楽しく生きてけるようにいろいろ工夫したり、頭切り替えてやっていくほうがずっとええやんか、って思うんや」

吉田さん夫婦の主張が今後どのように広がっていくのかは、未知数である。だが、大きくうなずきながら聞いている田んぼトラストのメンバーや参加者がいたことは、期待も抱かせる。

近年、全国各地で、農家の自給的部分への再評価の動きが起きている。同時に、農山村のもつ魅力の再評価も進んできた。

「もっと千屋の歴史を知って、大切にせなあかんことは大切にしようという風にならなあかん。そりゃあ、田舎の悪いところはぎょうさんある、プライバシーないとかな、金持ちや古くからの家の人が威張っとって、よそ者が正しいこと言うても聞いてもらえん、とかな。女をバカにしとったりとか。まあ、これもだいぶ、ましにはなってきた。僕みたいなよそ者が、前よりはずっと発言できたり、意見求められたり、頼られるようになってきてるしな」

（元一さん）

4　人びとの認識が変わる可能性——農村と都市の交流の意味

農業の生産現場やそこでの苦労や工夫、喜びや楽しみなど、生産行為にかかわる一切を消費者はほとんど知らない。知らないがゆえの、行為の選択も多い。

たとえば、私の講義（「社会学—食と農の社会学—」）で、野菜や米などふだん自分たちが口にしている食べ物について、生産から流通の一連の過程を話すと、学生たちはたいてい素直に驚いてくれる。生産者と消費者の距離、あるいは生産現場と台所ないし食卓との距離が、気の遠くなるほど離れていることに気づくからである。そして、自分自身の日常の消費行動や食生活を振り返り、値段や見た目、便利さなどのほかに、味や鮮度・栄養・安全性という大切な判断基準があることに気づく。学生たちが書くリアクションペーパーには、こんな意見が記される。

「食べ物なんじゃけぇ（なのだから）、『値段だけでなく、味や安全性などにも気をつけるべき』ということは、あたりまえのことなのに、私たちは、そのあたりまえのことを忘れてるんですね。もっときちんといろんなことを知らないと、大事なことが見えないままで暮らしていくことになりそうで、こわいです」

「いままで値段や形のことしか考えていなかったけれど、これから、スーパーに並んでいる野菜を見る目が変わりそうです」

こうした学生たちの変化は、人びとの認識が新たな情報によって常に修正される可能性をもった開かれたものであることを、端的に表している。そして、そのように考えると、人びとの認識が変わる契機として、農村と都市の交流のもつ重要性も浮かび上がってくる。農村と都市の交流にはいろいろな形があるが、その本質は「農的な暮らし」に関する情報を媒介に人と人が結びつくことだ。

たとえば、直売所で生産者と言葉を交わしながら野菜を買うとき。調理法などおいしい食べ方を教わり、生産の過程でどんな工夫や苦労、喜びがあったかを聞き、自信と誇りをもって農に携わる一人の人間を目にする。これらは、土から離れた暮らしをしている人びとの認識を揺さぶるのに、十分な迫力をもっている。

また、農家民宿や農村型宿泊施設を訪れた人びとは、地元の食材を使って自炊したり、地元の食材を使った料理を食べたりする。豆腐作りやそば打ち、山菜やキノコ採り、トウモロコシやサツマイモの収穫などの、ささやかな農業体験をすることもある。いっしょに作業する農村の人たちとの会話や行為をとおして、食材となるものの生産・加工・調理の一連の過程が生き生きと目の前に浮かぶとき、スーパーの棚に並ぶ豆腐・そば・山菜・キノコ・トウモロコシ・サツマイモなどとはまったく異なるものに見えてくる。

5　異文化交流による「文化変容」——農業・農村が身近な存在になる

農村と都市の交流は、異文化間の交流と言い換えることもできる。都市民が農村を訪問し、滞在する。農業体験、農村生活体験をとおして、「異文化」にふれ、ふだんの自分の生活を見直す。農村の側も、都市民との交流によって、それまで自明視して見えなかったことを発見する。異文化の接触は互いの文化変容を生み出すのである。それは、狭義の都市と農村の交流にとどまらず、農村内部における異世代間（親と子、祖父母と孫）、異性間（男性と女性）でも起きている。農家や農村に生まれても農業経験がまったくない、あったとしても嫌々ながら自家の農作業を手伝った経験しかもたない。そうした人たちが、農業の豊かさや楽しみを感じる機会を得ることで、農村の中からも変わる可能性が高まっていく。

岡山県高梁市宇治町は、高梁市街地から車で北西へ約三〇分の農村である。過疎化・少子化・高齢化が進むなか、一九八〇年代後半の中学校の統廃合問題を契機に、地域づくりに関する取り組みが急速に進んだ。岡山県や高梁市の補助事業をうまく導入し、旧家を改造して農村型リゾート事業を軌道に乗せ、農業公園を核とする農業体験などをとおして農村と都市の交流を行っている。

「宇治ふるさと農法研究会」はそうした地域づくりの核となる集団の一つで、毎年、田植え祭りと収穫祭を行い、県内外から多くの人びとを集めてきた。宣伝のチラシやポスター作成・配布などの広報活動は、おもに男性たちが担当している。田植え祭りや収穫祭の進行なども男性たちが前に出ているように見える。だが、よく見ると、男性たちは女性たちの意見を聞き、女性たちの手を借りて、あるいはほとんど任せる領域を設けたりしている。お昼ご飯は、合鴨米のおにぎり、合鴨の焼き鳥、合鴨米のお酒、地元産の野菜・豆腐などを使ったたくさんの料理(てんぷら、和え物、煮物、漬物など)が用意される。そこはほとんど女性たちの独壇場で、男性たちは手足となって手伝う。

合鴨のヒナを田んぼに放す子どもたち(高梁市宇治町)

参加した人たちの感想の多くは、自らの認識の変化を示唆する内容である。たとえば、田植えのとき、初めて田んぼに入る人は、たいてい、おそるおそる入っていく。そして、「うわっ」「うっ」「にゅるにゅるー」などの声が上がる。

「転んだらいけん、思うてそーっとそーっと動いたけど、そのたび、足の指と指の間から、泥がにゅるーって。最初は何か気持ち悪って思ったけど、すぐ慣れて、おもしろくなった、気持ちよかった」(一二〜一三歳の子ども)

「足がすべすべ、泥パックの効果があったりして。でも、けっこう重労働、晴れだと暑いだろうし、雨だと寒いかも、大変でしょうね」(三〇歳代の母親)

また、田植え後、合鴨のヒナを田んぼに放すことを「合鴨の進水式」と呼んでいるが、参加者にはたいへんな人気である。就学前の子どもたちから小学校高学年の児童まで、受け取った途端、「わあっ」という小さな声とともに、息を止めるような真剣な表情で田んぼにしゃがみ、そーっと水に放していた。「ヒナがドキドキしとった、私もドキドキした」「すげぇ、温かかった」「毛がやわらかーい」「生きとんじゃ」などの声が聞こえた。

参加者の多くが話した感想からは、さまざまなことがうかがえる。ヒナの体温に「いのち」を感じた、田んぼの泥の不思議な感触、暑いなかで田植えした後のお茶やおにぎりのおいしさ、整然と並んだ苗の美しさ、鎌で稲を刈る感触の心地よさ、腰の痛み、稲架《はざか》けのすんだ稲を見るときの達成感、いくつもの作業工程の積み重ねとして米ができていることを初めて知った……。米、農業、農業者、農村などをこれまでよりずっと身近に感じていることがよくわかる。

また、宇治町が行っている農村型リゾート事業は、地元の食材を使ったおいしい料理に加えて、落ち着いた雰囲気のなかで、ニコニコしながらもてなしてくれる農家女性たちの人気が高く、リピーターも定着している。女性たちが話していた。

「泊まりに来る人、食事をしに来る人たちが、何を求めてやってくるのかをよく考えたら、どんな風なもてなしがいいか自然とわかってきた」

6　食と農にかかわる人びとの社会関係の構築——ともに暮らしを見直し、つくり変えていく

全国各地の農山村では、食と農をつなぎ地域をつくっていく試みが、さまざまな形で展開されている。一九九〇年代以降、そうした動きが顕在化してきた。とくに、自給的部分を担い「後ろから支える部分」担当だった農家女性たちの活動に、光が当たっている。それは、農政のなかで農家女性が重要視されるようになったことや男女共同

参画社会構築に向けた政府の方針といった追い風もあるだろう。

しかし、それだけではない。何よりも、農村の人びとの活動が大きく変化してきた。いま、元気があるといわれる農村においては、かつてのような米や野菜、畜産などの生産活動だけにとどまらず、加工・販売、都市との交流など、人びとの活動は多岐にわたっている。そこで求められるのは、農業生産や経営に関する知識・技術以外に、食品の調理・加工・後片付け、部屋などの装飾や掃除、気配りなどをはじめとする他者との共感能力などである。それらは、「自給的部分」や家事・育児・介護などをもっぱら担ってきた農家女性たちが、知らず知らずのうちに獲得してきた能力である。

もちろん、それぞれの地域において、過疎化・高齢化・少子化、農業の先細りなどが解決されたわけではない。ただ、そうした取り組みをとおして、ムラ人同士のつながりができ、連帯感が生まれてきたことによって、いま住んでいる人たち、これから先も住むだろう人たちが、自分のムラを「いいところだ」「住みやすい」「ここでえかったなあ」などと思えるようになってきた。それが一番の収穫であると言えよう。

加工場を中心に、女性たちが世代を越えたつながりをつくった事例はいくつもある。たとえば、鳥取県日野郡江《こう》府《ふ》町美用《みよう》地区の美用レディース(9)、第4章で紹介した岡山県奥津町の長藤婦人部などだ。

美用地区では、鳥取県の事業導入を契機に加工に携わることで、ほとんど交流のなかった姑世代と嫁世代の女性たちに、タテのつながりができていった。それは、加工作業を円滑に進めることに役立っただけでなく、美用地区の運営に関して女性としての提案や発言などが活発化したり、親しくなった個々人での日常の助け合いも生まれたと言う。異世代の女性たちがタテのつながりを形成できるかどうかは、そのなかにつなぐ役割を果せる人がいるかどうかにかかっている。それは必ずしもリーダーでなくてもよいが、美用地区と長藤地区の場合はともにリーダーがそれを担ってきた。美用レディースの代表・板井伝《つたえ》さんは、落ちついた話し方とあたたかい雰囲気が印象的な六〇代の女性である。メンバーからの信頼が厚く、まとめ役として活動してきた。長藤婦人部長の友田章子さんについては第4章で紹介したとおりである。

さらに、ムラ人同士のつながりのなかで、男性と女性がお互いのもつ能力を認め合い、対等なパートナーシップが築かれていきつつあることも、農村社会における大きな変化である。そして、そうした農村との交流によって、都市の人びとが自分の住む環境や暮らしについて考え始めていることも大きな成果である。食と農をつなぎ、地域をつくっていく試みとは、食と農にかかわる人同士の相互作用をとおして社会関係を構築することであり、社会を根底からつくり変えることでもある。

いま各地で展開されているそうした取り組みは、食と農の当事者たちによる運動であることにもっとも大きな意義がある。そして、多くの場合それらの取り組みの陰には、何らかの形で農協婦人部の活動や農業改良普及所の生活改善運動、各都道府県の単独事業などが、活動開始の契機や活動を支える重要な主体として存在してきたことを見逃せない。

たとえば、美用地区の場合を見てみよう。美用地区では、村づくりに関する鳥取県の事業を導入し、女性たちは加工品の開発・製造・販売および都市と農村の交流事業をすることとなった。トマトの産地であるが、秋の終わりのトマトは青いままで出荷できず、最後は畑で腐らせるだけという状況があった。「もったいないな、何かに使えないかな」ということから、試行錯誤の末、青トマトのジャムと漬け物が誕生し、JAの直売所などで人気商品となっている。代表の板井さんは、「事業担当者に恵まれた」と話した。

担当になったのは農業改良普及所の生活改良普及員の女性で、非常にきめ細かく指導してくれたという。たとえムラ全体で導入を決めた事業とはいえ、農家女性たちがたびたび家を空けて話し合いをしたり、加工品の試作から本格的製造まで加工場に頻繁につめて作業するといったことは、なかなか困難な場合もあった。家と加工グループとの板挟みになる人も出たりしたが、担当者はそうした場合も予測しながら適切なアドバイスをし、一人の落伍者も出さずに事業に取り組むことができたのである。また、ジャムの瓶に貼るラベルのデザインを考えるなど、一見、小さな取るに足らないようなことでも、きちんと受けとめて対応してくれた。その過程で、板井さんをはじめ加工グループのメンバーはずいぶん成長できたという。

もう一つの事例も紹介しよう。NPO法人「田舎のヒロインわくわくネットワーク」という、農家女性を中心とする全国ネットワークがある。その代表で、福井県坂井郡三国町(現・坂井市)在住の牛飼い・山崎洋子さんは、全国ネットワークを立ち上げる前、坂井郡内の若妻グループ(「スカンポの会」)の仲間とともに、ヨーロッパの農家に民泊する農業研修に出かけたことがある。山崎さんの夫のほか、坂井農業改良普及所の普及員(荒木和代さん)が、計画段階から大きな力となっている[10]。山崎さんは帰国後、忙しい農業の合間を縫ってヨーロッパ研修のことを本にまとめた。それが、その後の活動につながる出発点となったと言えよう。

山崎さんだけでなく、田舎のヒロインわくわくネットワークに集う農家女性たちの多くは、自分たちが住む地域の小さなグループ(農協や生活改善関係)を活動の足場として出発している。活動の広がりのなかで、現在ではその小さなグループとはつながっていない場合もあるが、多くは地域での活動と全国的な活動の両方を続けてきた。そして、草の根の活動のなかから、自分自身、集まってきた他の女性たちとともに、エンパワーメントしてきている。こうした一連のプロセスでしばしば、農協婦人部、農業改良普及所、各都道府県の農政担当などが、きわめて重要な支えとなっているのである[11]。

今後は、こうした足元からの運動をサポートする体制のいっそうの充実が求められる。それは、金銭的な支援だけではなく、ともに運動を進めていくという関係諸機関の意識も重要であろう。

（1）設立趣意書には、高らかな理想が掲げられており、その内容は四五年以上経ったいまでも十分に通用する。当時のメンバーたちの見識の高さと先見性を端的に表している。
（2）松村和則・青木辰司編『有機農業運動の地域的展開―山形県高畠町の実践から―』家の光協会、一九九一年。
（3）安全な食べ物をつくって食べる会『村と都市を結ぶ三芳野菜―無農薬・無化学肥料三〇年―』ボロンテ、二〇〇五年。
（4）佐藤喜作『村と農を考える―仁賀保町農協五十万円自給運動の記録―』無明舎、一九八二年。
（5）藤井虎雄『有機農産物をどう供給するか―岡山市高松農協の実践―』家の光協会、一九九一年。
（6）渡辺成美『協同の原点を求めて―下郷農協物語―』農業・農協問題研究所、一九八五年。
（7）綾町では、郷田実町長（在職期間：一九六六〜九〇年）の時代に、自然生態系農業のまちづくりを町政の柱に据え、第一次産業と照葉樹林帯を守ることを前面に打ち出した。屎尿を処理して液肥化する施設の建設・運営、綾町独自の有機農産物認証制度、有機農産物販売所の建設・運営、「綾町自然生態系農業の推進に関する条例」の制定（八八年）、条例に基づく有機農業推進施策、綾町の自然を生かした観光資源づくり、などである。これらはいずれも近代農業推進の時代に、町長の強力なリーダーシップのもと、実現されてきた。八〇年ごろからは有機農業の町として全国的に知られ、現在に至る。近年「綾ブランド」という言葉も生まれ、綾町の野菜、果物、米と聞くだけで、安全・安心が保証されているような印象を与えている。詳しくは、郷田実『結の心―綾の町づくりはなぜ成功したか―』ビジネス社、一九九八年、池田清『創造的地方自治と地域再生』日本経済評論社、二〇〇六年、碓井崧・奥村義雄・佐藤匡・靍理恵子・家中茂「食のグローバル化へのオールタナティブ運動に関する社会学的研究」『吉備国際大学共同研究抄録集』二〇〇七年。
（8）岡山県では、長野士郎知事（在職期間：一九七二〜九六年）の時代に、知事の命令により有機農業の推進が県政の柱の一つに据えられ、技術的開発が進められた。そして、八八年度から岡山県単独の有機農業生産集団育成事業が始まり、毎年、一〇集団ずつ、県下で一〇〇の有機無農薬農業の集団をつくることを目標に展開されていく。県のお墨付きであるから、変わり者扱いされることもほとんどなく、有機農業の地域的展開にかなりの効果をあげた。詳しくは、靍理恵子「岡山県下における有機無農薬農業のとりくみ―行政主導型事業の事例―」『順正短期大学研究紀要』第二三号、一九九五年。

（9）美用地区の事例は、第8章でも紹介する。
（10）山崎洋子『われら田舎のヒロインたち』おけら企画、一九八八年。
（11）二〇〇〇〜〇一年にかけて、田舎のヒロインわくわくネットワークのメンバーへ行ったインタビューに基づく。田舎のヒロインわくわくネットワークは、二〇〇一年三月に、早稲田大学で全国集会を開いた。この指とまれ方式で実行委員に名乗りを上げた人たちが手弁当で準備を行う、実行委員会方式である。筆者も実行委員の一人として参加し、準備から当日の運営まで全般的にかかわった。

第8章　エンパワーする農家女性

1　問題の所在と本章の目的

本章では、一九八〇・九〇年代から現在に至る農家女性の活動をとおして、女性たちがどのようにエンパワーしてきたのかに着目する。そして、活動に伴い、女性本人に、また家族・地域社会との間に生じるさまざまな葛藤や矛盾に、どのように対処してきたのかを見ていく。

日本の農家女性を対象にした研究として、まずは一九三七年に刊行された丸岡秀子の『日本農村婦人問題』をあげよう。丸岡は、日中戦争が始まる直前の困難な社会情勢下、農村調査をとおして得た具体的な調査事実をもとに、農村女性がかかえる諸問題を家と村落とのかかわりにおいて明らかにした(1)。農村における生活の困難さのなか、家と村落においてもっとも劣位に置かれた農村婦人たちには、農村男性たちよりもはるかに厳しい諸問題が集中していたのである。度重なる妊娠、出産、哺育という母親としての役割に加え、自家の農作業における激しい労働と疲労は、農村婦人たちの生活をたいへん困難なものにしていた。丸岡は、そうした農村婦人の現実は家・村落・日本社会のもつ諸矛盾の集約された形であることを明確に捉えた。

ほぼ同じころ、民俗学者の江馬三枝子による飛驒高山（岐阜県）の大家族の研究も、丸岡と共通の視点から、昭和初期の農家女性たちの諸問題を生活のなかに位置づけている。(2) 一九五〇年代後半から六〇年代初めには、哲学・教育学を専攻する溝上泰子が農家女性の生の声をまとめた。(3) 六〇年代後半には、高橋明善が戦後の資本主義の展開に伴う農村家族の変化と農家女性の地位を明らかにしている。(4)

これらの研究は、農家女性がかかえる社会問題を明らかにし、その解決法を模索するという問題意識において共通性をもつ。とくに、丸岡、江馬、溝上においては、家や村落内での農家女性の地位・役割を社会規範(とくに社会慣習)との関係において捉える分析枠組みも共通している。だが、その後の村落研究を見ると、問題意識は継承されているものの、分析枠組みについてはほとんど注目されていないように見える。その一方で、資本主義の展開過程と農業および農村の変化を捉える高橋の分析枠組みが、村落研究の主流となっていく。また、農家女性を研究対象とするものもあまり見られなくなる。

八〇年代後半になると、村落社会学者たちの間で、農家女性を研究対象にすえるものが再び増えていく。熊谷苑子が座長を務めた、日本村落研究学会第四二回大会(九四年)のテーマセッション『農業と女性—労働と意識の変化をめぐって—』は、その象徴的なものである。そこでの報告を中心とする『年報　村落社会研究—家族農業経営における女性の自立—』第三一集も、当時の研究の到達点を示している。

そのほか、家族経営協定締結の現状と課題や農家家族の変化に関する川手督也、(5) 地域リーダーとしての農家女性に注目する藤井和佐、(6) 施策推進の側に研究対象をすえた市田知子、(7) 女性の「個」の自立化を「いえ」との関係において考察する永野由紀子など、(8) 多くの蓄積が見られる。私も、九〇年代なかばより、農家の家計構造変化と農家女性が「自分の財布」を獲得するプロセスとの関係、「自分の財布」を持つことが当事者・家族・地域社会に与える影響などに着目してきた。(9)

それらの研究によって、農家女性の能力発揮の場が確実に広がってきていることがわかってきた。ただし、どのようにして農家女性たちはそうした場を広げられたのか、その背景や要因を農家女性のエンパワーメントを出発点に明らかにする研究はまだない。

私は、前記の丸岡・江馬・溝上らの研究に示唆を得て、農家女性が各種の組織やネットワークへの参加をとおしてエンパワーしていく事例を取り上げ、農家女性の能力発揮の場が広がっていく過程を、農家女性の行為と社会規範とのズレにより生じる緊張関係の調整・解消過程と捉えることにする。そして、緊張関係とその調整・解決方法などを整理しながら、農家女性のエンパワーメントを促進する背景とその要因について明らかにする。なお、本章ではエンパワーメントを「社会的な力をもたず、意思・方針決定への影響力や直接参加力のなかった女性たちがさまざまな活動をとおして、社会・政治・経済の変化の担い手となっていく過程」と捉えておく(10)。

2　研究の枠組み

(1)　家、ムラ、緊張関係の定義

本章では、「家」「ムラ」「緊張関係」を以下のように押さえておく。

家は「成員の生活保障を最大の目的とする生活経営体」であり、家の永続性・先祖祭祀・家産の維持や管理・家業の経営・村株(村の一戸前としてもつ権利)・家長権の問題などは「家の構成要素」とする。そのどれか一つでも欠けたら家は成立しない、という立場は取らない(11)。ムラには、班や隣組などの地縁組織、同族による血縁組織、その他特定の目標達成のために設立された諸集団などが重層的に存在しており、単なる家々の集まり(集落)ではな

い。ここでは、ムラはそうした「組織化された集落」とする。[12] 緊張関係は、「成員の所属する社会集団が適用する社会規範と成員の行為とのズレから生じるさまざまな葛藤をかかえた社会関係」とする。

家との緊張関係は、農家女性の活動と家が適用する社会規範とのズレに基づき生じる。具体的には、農家女性にとって重要な他者である、夫、舅・姑、子どもなどの家族員との関係のなかで生じたり、解消されたりする。また、一人の女性の家との緊張関係は、他の女性たちが家との関係をどのように調整しているかに影響を受け、変わる可能性をもつ。したがって、同じ集落あるいは隣接の集落に住むリーダー層の女性が、家との緊張関係にどのような対応をしているかは、即、他の女性のモデルとなりうる。

ムラとの緊張関係は、農家女性の活動とムラが適用する社会規範とのズレに基づき生じる。町内会や集落の行事・事業など集落の運営にかかわる社会的事象のなかに、そうした緊張関係を見ることができる。

（2）二組の社会規範と本章の仮説

食い違う二組の規範

現在、日本の農村社会にはまったく対照的な二組の社会規範が存在し、コンテクストによって規範が使い分けられている。

第一は、戦前から現在まで広く根強く存在しているもので、1―①「男は公的領域、女は私的領域をそれぞれ担う」（以下「私領域規範」と記す）、1―②「男が主・女は従（男が前、女は後ろで補助）」（以下「補佐役規範」と記す）という規範であった。「私領域規範」と「補佐役規範」は男尊女卑の思想と深く関連しており、従来の家とムラにとって適合的な規範であった。さらに、家庭内では1―③「男は仕事、女は仕事と家庭」という新・性別役割分業意識とも重なり[13]（以下「新・性別分業規範」と記す）、家事労働全般を農家女性が担うことを正当化する根拠ともなっている。

1―①「私領域規範」と1―②「補佐役規範」は、家およびムラと本質的な結びつきがあるかのように見なされてきたが、論理的にはそうではない。生活経営体としての家と組織化された集落としてのムラ、それぞれを取りまく社会的状況が変化すれば、それぞれに適合的な規範も変わる可能性をもっている。高度経済成長期以降、しだいに農家女性の活動が評価されてきたのはその一例であると考えられる。

第二は、2―①男女平等（以下「男女平等規範」と記す）、2―②業績主義（または能力主義）による評価（以下「業績主義規範」と記す）である。これらはいずれも、戦後、日本社会に全般的に広がり、人びとは知識としては十分に知っているものの、個々人の生活のレベルにまで深く浸透しているとは言いがたい社会規範である。

ただ、表層的とはいえ「正論」であるため、正面切っては否定しにくい側面ももつ。たとえば、建前としては、男女平等の否定はなかなかむずかしい。個人の評価を何に基づいて行うかというとき、その人が何者であるかという属性（年齢・性別・家柄・人種・身体的特徴など）に基づく評価方法を属性主義と言う。また、その人が何をなし得たかによって評価するそれを業績主義と言う。戦後の日本社会においては、差別に結びつきやすかった属性主義は否定され、代わって業績主義が受け入れられてきた。

しかし、日本社会の現実は、男女平等とは言いがたい側面が多々あるし、個人の評価が属性主義に基づく場合も見られる。そのため、行為者が2―①「男女平等規範」や2―②「業績主義規範」を「真に受けた」行為を選択した場合、コンテクストによって周囲の反応は変わってくる。女性だけの活動においては、肯定的な反応がなされることが多い。一方、男性も同じ場にいる場合は、あからさまな拒否・否定的態度、「物を知らない（世の中を知らない）」として嘲りやからかいの対象になったり、本人のいないところで否定的言辞が広まったりすることもある。

1―①「私領域規範」と1―②「補佐役規範」が適用されている場において、農家女性が公的領域に関与しようとせず私的領域のみを担い、夫や男性たちに従うという行為を選択しているかぎり、規範と行為の間で齟齬をきたすことはなく、したがって緊張関係も生じない。しかし、その農家女性が第一と第二の両方の規範を内面化している場合、自己の行為と2—①「男女平等規範」・2—②「業績主義規範」との乖離により、精神的葛藤をかかえることになる。逆に、その同じ場で、農家女性が自家の農業経営や集落運営に男性と対等な立場で参画する行為を選択しようとするとき、「私領域規範」「補佐役規範」とのズレにより緊張関係が生じる。

ズレる行為を積み重ねつつ、規範と行為が変化

このように、農家女性たちが対照的な二組の規範の間で引き裂かれているとするならば、農家女性たちはこのダブルバインド(二律背反的)な状況下で、どのようにふるまい、活躍の場を広げてきたのだろうか。

社会規範と行為の間のズレがなくなれば、緊張関係は解消もしくは解決へと向かう。農家女性が、1—①「私領域規範」・1—②「補佐役規範」とのズレによる緊張関係の発生を恐れているかぎり、農家女性の行為は第一の規範と適合的な行為に限定され、能力発揮からはほど遠い日常のままである。しかし、現実に農家女性は活躍の場を広げてきたのであるから、農家女性の活動を促進する何らかの背景や要因が存在し、そのなかで女性たちは「私領域規範」「補佐役規範」とズレる行為を積み重ねつつ、規範と行為が変化していったと考えられる。(14)

規範と行為の関係は、以下の三つの場合が想定される。一つめは、何らかの理由によって成員が1—①「私領域規範」・1—②「補佐役規範」を支持しなくなり、規範の効力が失われた場合である。二つめは、何らかの理由によって2—①「男女平等規範」・2—②「業績主義規範」を支持する成員が増えたことで、「男女平等規範」「業績主義規範」が顕在化し、より強い効力をもつようになった場合である。三つめは、「私領域規範」「補佐役規範」が適用されているように見せながら、「男女平等規範」「業績主義規範」に沿う行為とその結果の積み重ねとして、実

質的には「男女平等規範」「業績主義規範」を適用している場合である。

（3）活躍する女性グループ

活動事例の概要

一九九七年から二〇〇一年にかけて、すでに数年から十数年の活動期間と一定程度の実績を有し、家やムラとの緊張関係で萎縮することなく、比較的制約の少ないなかで活躍しているように見える農家女性とそのグループを対象に、聞き取り調査を行った。調査対象者はリーダー的女性や周辺のメンバー、メンバーの夫たち、活動にかかわる公的機関・組織の担当者などである。調査地は、八〇年代なかばごろから継続している壱岐島のほかは、おもに調査実施の便宜上、私の住まいから比較的近距離の岡山・鳥取・島根県である。

当初は、農家女性自身の住む集落を中心に比較的狭い範囲で活動している事例（「足元での活動」と呼ぶことにする）のみを扱う予定であった。しかし、調査の過程で、全国に広がる二つのネットワーク（「全国的な活動」と呼ぶことにする）が農家女性たちに大きな影響を与えていることがわかってきたので、その二つも農家女性の活動として合わせて扱うことにした。

本章で取り上げる事例は一一で、表3に各事例の概要をまとめた。活動開始時期は、事例10以外は八〇年代以降、とくに九〇年代からが多い。農協や県、農業改良普及所などの働きかけを契機に、家庭菜園の復活や農産加工の開発・製造・販売などが広がっていった流れのなかにある。成員の属性は、おもに子育てが一段落した四〇歳代以上で、安定的農外就労には従事せず、自家の農業経営従事者である場合が多い。活動の成果は、第一に自分の財布を持てたという経済力の獲得、生産者としての誇り、地域活性化などである。

農家女性たちは、事例10・11のような「全国的な活動」を事例1～9の「足元での活動」の先にあるものとして

表3　事例の概要

	地　域	活動グループ名	開始時期	活動内容	成員属性	成　果
1	長崎県壱岐島全体	農協ふれあい市	1985年～	農水産物・加工品直売	40歳代～70歳代の農協女性部員	経済力、生産者の誇り
2	長崎県石田町	石田ふれあい市	1992年～	農水産物・加工品直売	40歳代～70歳代の農漁家女性	経済力、生産者の誇り
3	長崎県郷ノ浦町柳田集落	野菜の無人市	1985年～	農産物直売	40歳代～70歳代の農家女性	経済力、生産者の誇り
4	岡山県賀陽町	月原有機無農薬生産組合	1992年～	有機無農薬農産物生産	40歳代～70歳代の農家女性	経済力、生産者の誇り
5	岡山県賀陽町上竹地区	上竹ひまわり会	1996年～	食生活改善、イベント開催	30歳代～80歳代の地域女性	生活を楽しむ、地域活性化
6	岡山県奥津町長藤地区	長藤婦人部加工グループ	1980年代なかば～	農産物・加工品直売、都市—農村交流事業	30歳代～80歳代の地域女性	経済力、地域活性化
7	鳥取県江府町美用集落	美用レディース加工グループ	1996年～	農産物・加工品直売、都市—農村交流事業	30歳代～70歳代の地域女性	経済力、自分に自信、地域活性化
8	鳥取県郡家町大御門地区	みかど館	1996年～	農産物・加工品直売	40歳代～80歳代の地域女性	経済力、自分に自信
9	島根県益田市	アグリレディースフォーラム21	1999・2000年	農家女性意見交換会議	40歳代～70歳代の農家女性	問題の共有、自分に自信、仲間づくり
10	全国	女の階段グループ	1969年～	読書ノート回覧、意見交換会議	『日本農業新聞』の女性読者	問題の共有、仲間づくり
11	全国	田舎のヒロインわくわくネットワーク	1993年～	全国大会、勉強会・講演会など	10歳代～80歳代の農家女性・消費者など	仲間づくり、食・農問題へモデル提示

（出典）聞き取りをもとに作成。

捉えがちである。だが、両方の活動を経験した女性たちは、両者の活動の関係は必ずしも段階的なものではなく、相互に影響を与え合う、相互補完的なものであると認識するようになる。

活動事例の特徴

表4は、表3をもとに活動の特徴を参加の任意度、活動上の規範、家との緊張関係、ムラとの緊張関係について整理したものである。参加任意度は、その集団やネットワークへの参加が任意か自動的（または強制的）かにより判断し、活動上の規範は、当該活動がなされる際に適用される社会規範を指し、聞き取りにより特定した。「足元での活動」と参加任意度との関係はあまりない。

参加任意度が高い活動（事例1・2・4・5・9～11）は、メンバーが集落を超えて市町村内全域あるいは全国に広がっており、その

表４　事例の特徴

	地　　域	参加任意度	活動上の規範	家との緊張関係	ムラとの緊張関係	背　　景
1	長崎県壱岐島全体	高い	2—①・②	高い→低い	低い	農協女性部の活動
2	長崎県石田町	高い	2—①・②	高い→低い	低い→高い→低い	関係機関なし→役場、商工会
3	長崎県郷ノ浦町柳田集落	一見低い、実は高い	一見1、実は2	低い	低い	関係機関なし→柳田集落
4	岡山県賀陽町	高い	2—①・②	高い→低い	高い→低い	県の事業が契機
5	岡山県賀陽町上竹地区	高い	2—①・②	低い	高い→低い	地域婦人会の再編
6	岡山県奥津町長藤地区	一見低い、実は高い	一見1、実は2	低い	低い	県の事業が契機
7	鳥取県江府町美用集落	低い	1→2へ	低い→高い→低い	低い→高い→低い	県の事業が契機
8	鳥取県郡家町大御門地区	一見低い、実は高い	1と2	高い→低い	低い→高い	県の事業が契機
9	島根県益田市	高い	2—①・②	高い→低い	低い	県・市の事業が契機
10	全国	高い	1と2	高い→低い	低い	日本農業新聞
11	全国	高い	2—①・②	高い→低い	低い（→高い→低い）	家の光協会の支援

（出典）聞き取りをもとに作成。

活動に参加する個人の人間関係を一気に広げる役割を果たす。活動上の規範は、ほとんどの場合2—①「男女平等規範」・2—②「業績主義規範」である。一方、参加任意度が低い活動（事例3・6〜8）は、既存の社会集団を母体とする活動に多く見られ、集落全体あるいは集落単位という地縁的な参加となっている。そのため活動上の規範は当初、1—①「私領域規範」・1—②「補佐役規範」で出発する。ただし、活動を進めていく過程で、しだいに「男女平等規範」「業績主義規範」への移行が起きる。

このように、活動当初は参加任意度の高低と社会規範の違いは関連している場合が多いが、活動の進行とともに、規範は徐々に1—①「私領域規範」・1—②「補佐役規範」から2—①「男女平等規範」・2—②「業績主義規範」へと変わり、参加の任意度はそれほど関係しなくなる。なお、事例3・6・8は一見、参加任意度が低いように見えるが、実は任意度が高い。これは、メンバー募集の際に、ある共通した戦略がとられているためである。その戦略とは、集落内の全戸に活動への参加を呼びかけるというもので、活動が特定の人たち（とくに女性たち）のみによってなされているのではないということを印象づけ、ムラの承認を得ることをねらいとしている。

家との緊張関係は、活動当初は高くても、しだいに低くなっているものが多い。また、最初から低いままのものもある。ムラとの緊張関係は、低いままのもの、いったん高くなりまた低くなるものがある。事例９～11のように、ムラがほとんど知り得ないところでの活動か、ほとんどかかわりをもたない活動の場合、緊張関係は生じにくい。また、**表４**の背景が示すように、女性たちの活動は、農協や市町村・県などと何らかの関連をもつことが多い。それら諸機関の効果的な利用が、女性たちの活動を促進する要因の一つである（詳しくは後述）。

3　農家女性が経験する緊張関係とその対応

（１）家との緊張関係とその対応

家との緊張関係は、家が適用してきた社会規範と農家女性の行為のズレとの間で生じてくる。農家女性たちの多くが活動当初に経験する緊張関係は、１―①「私領域規範」・１―②「補佐役規範」・１―③「新・性別分業規範」と自身の行為とのズレによる。

個人的な努力で乗り切る

まず、活動に参加するかどうかの意志決定の際に夫や舅・姑の許可を得なければならない女性は多い。１―①「私領域規範」・１―②「補佐役規範」に沿って行為を続けてきたために、男性といっしょの場で活動する以外でも、自分の意志のみで決定できない状況がある。「おとうさん（夫のこと）に聞いてみないとすぐには返事できない」という声がよく聞かれるのは、そうした事情による。事例9でも、益田市周辺の農家女性たちが集うフォーラムへの参加は、時間的拘束が比較的短時間であるにもかかわらず、その参加を自分一人の判断ではできない農家女性たちが少なからずいた。代表の渡育恵さん（仮名）は、それを例に引きながら、こう話していた。

「自分で時間をやりくりすることができるようになるためには、ふだんから自分の考えを家族、とくに夫に示しながら、家の仕事（農業と家事）をきちんとしておかなければならない」

夫や舅・姑の承諾を得て参加を決めても、次の段階として1—③「新・性別分業規範」とどう折り合いをつけて活動するかが問題となる。農家女性たちの多くはこの規範の変更を望んではいない。したがって、従来の規範に従いつつ、できるだけ摩擦を起こさないようにするという「個人的な努力」で乗り切る選択がされる。

多くの場合、活動当初の農家女性たちは、これから新しく始める活動について家族員に話はしても、積極的に家族内の役割構造を変えることまでは求めていない。「迷惑はかけんけぇ（かけないから）」と従来の役割（自家の農作業と家事と子育て）と新しい役割（活動）の二つを、多少の無理をしてもこなそうとする。多くの場合、出かけるときには、掃除・洗濯・食事の支度・自家の農作業など、自分のふだんの役割をほとんどすませて、自分の代わりに誰かがその仕事を肩代わりしなければならないという状況をできるだけつくり出さないようにしている。

「会合その他で出るとき、全部用意して出た。おばあさん（姑）のために食事の用意やら何やら。泊まりがけで行くときは、三食作って温めるだけにして出た。おばあさんに食事の用意を頼むと、どうしても『行って来てもいいでしょうか』とおうかがいをたてるようになってしまう。でも、なんでも自分で用意していけば、『行ってきます』と言えるから」（渡さん）

その他の事例でも、事例6以外では、女性たちはみなそうしていた。

実績を見せる

家族員は、活動に一生懸命に取り組む様子や、いっそう忙しくなった姿、それなりの経済的報酬を得ながら満足そうな様子などをとおして、農家女性への理解や協力を進めていく。食事の支度や後片付け、子どもの世話などを手伝ったり、肩代わりしたりしていく。その結果、農家女性が声高な主張はしなくても「自然と」役割構造が変化していく。これらのプロセスを、農家女性たちは「実績を見せる」と表現する。

事例1～3の活動は、いずれも朝市への参加・運営である。したがって、前日の夕方から夜にかけて、あるいは当日の夜中からその準備に追われる。そのため、当初は家の農作業、家事全般をすべてこなしたうえで活動の準備をしていたが、夫や息子・嫁などが協力するように大きく変わっている。収穫した野菜を洗う、そろえる、袋詰め、値札つけ、加工品の作業の手伝い（餅やおこわなどの準備からパック詰めまで）、朝市の場所への運搬、食事の支度や後片付けなど、活動そのものへの助力や家事全般への協力である。

事例1で、朝市当日、まだ真っ暗な中、妻を助手席に乗せ、荷台には朝市に出す品物を積んだ軽トラックを運転してきた高齢の男性に話を聞いた。その際、少し照れるような感じで話してくれた。

「ばあさん（妻のこと）はほら、運転しきらんけん、わしがな。細々と野菜作るのはわしの性に合わんけん、畑の手伝いは機械使うて起こす（耕耘）とかぐらい。ばあさんの送り迎えもな、足がないと市に出れんと、それはかわいそうかし。たいしたことはしとらんと。でも、ばあさんもきばりょうらすけんね、ちっとは応援せんと」

まわりの人たちも、この男性のことを「昔の人やんけん、つっけんどんな物言いやったろ。ばってん、気はよかと、ばあちゃんと仲よしたい」と言っていた。その他の事例でも、夫や息子・嫁が協力的になったケースが多い。そして、それによって、家族内の関係がとてもよくなったということも多く耳にした。

事例7の場合、子育て真っ最中の三〇代女性がメンバーにいることもあり、活動開始当初は1―③「新・性別分業規範」のなかでも、子どもの世話をどうするかが大問題であった。子育ては他の家事と違って、まとめて片付けたり用意したり、といったことがほとんどできないからである。当初は、メンバー内で助け合う形が取られたが、しだいに夫や姑の理解と協力が得られていった。

こうして、家との緊張関係は、活動当初は生じても、多くの場合しだいに解消されている。それは、農家女性とその家族員たちが家族の役割構造を変えることをとおして、1─①「私領域規範」・1─②「補佐役規範」・1─③「新・性別分業規範」を無化したり若干の修正を加えたり、2─①「男女平等規範」・2─②「業績主義規範」が適用されているからである。農家女性たちは、規範を変えることの困難さはよく知っているので、自ら規範を変えることに乗り出すという戦略はあまり使わない。

(2) ムラとの緊張関係とその対応

ムラとの緊張関係は、1─①「私領域規範」・1─②「補佐役規範」と農家女性たちの活動とのズレによって生じている。事例からは、緊張関係への対応として二つの場合があることがわかる。

ズレを目立たせない戦略

一つは、ズレを目立たせない戦略がうまく使用されている場合である。社会規範を1から2へ変えることを直接めざすのではなく、あたかも社会規範は1のままであるかのようにふるまう方法である。事例6で、長藤婦人部加工グループ代表の友田章子さんが語った。

「女だけがとんではねても、うまいこといきませんから。実績を積んで、男の人たちに見せていく。女が変わり、男の方たちが変わってくだされば、地域も変わります」

長藤地区は第4章で述べたように、戦前から「男性は農外就労、女性は農業と家の中のこと」という分担をしてきた。そのため、農業の主導権は早くから女性にあり、男性はテゴ(手伝い)になっていた。加工グループの活動は、八〇年代なかばごろから岡山県の事業が契機となって始まる。当初から男性たちは非常に協力的で、それぞれの能力を発揮して、材料費以外はほとんどお金をかけずに手作りの加工場を建てている。加工グループでは、手作りパン・味噌・漬け物・山菜蒸し寿司など数多くの商品を開発し、自分たちで朝市を始め、イベントなどにも積極的に出かけ、直売所その他店舗での販売も広げていった。そうした活動の成果をとおして、男性たちは以前にもまして女性たちへの評価を高めていったように見える。

友田さんによると、以前は地区の行事や新たな事業などを進める際に、事後承諾で役割も決まってから、話が婦人部へ来ていた。それが、はっきりと「いつから」とは記憶にないが、朝市と加工場の活動を進めていくなかで、計画や準備の段階から会合に呼ばれるようになったと言う。その理由を尋ねたことはないが、「たぶん私らの活動が男の方々に認めてもらえたということでしょう」と話していた。

加工グループのメンバー同士の連帯感は、メンバーに「長藤地区に住んでいたおかげでこんないい仲間ができて、活動もできて、よかった」と思わせており、地区にも大きな活力を与えている。男性たちには、そうした女性たちの活動を応援する以外、選択の余地はない。

事例3の山内アイ子さんは、無人市を立ち上げるとき、どういう形で呼びかけをしようか、ずいぶん考えたと話していた。もともとのアイディアは、同じ集落に住む一人の男性からもらったが、集落内で家庭菜園や畑で採れたものを無人市に出そうとするのは、ほとんどが中高年の農家女性だと予想していた。では、最初から申込みをしそうな人にだけ声をかけるか、もしくは集落の農協女性部支部に声をかけるか。しかし、どちらもやめた。「何人かだけで、女だけで勝手なことして。わしら聞いとらんぞ」と男の人たちに何か言われたら、せっかくの試みがつぶされてしまうと考えたからである。

そこで、アイディアをくれた男性の力も借りて、集落の寄り合いで、アイ子さん一人が思いついたのではないということを説明し、全戸に声をかけ、参加希望者は世帯主（たいていは夫あるいは舅）の名前で申し込むようにした。実際の参加者は当初の予想どおり、ほとんど中高年の農家女性たちとなったが、個人参加ではなく家単位での参加という印象を与えたことで、家との緊張関係は生じにくかったのである。また、集落に話を通したという形をとったことで、「ムラの承認済み」となり、緊張関係もほとんど生じていない。

このように、男性を立てて面子をつぶさないようにしながら、活動実績を積み上げて実力を見せるという方法がとられている。「みなさんたちの協力のおかげで、ここまできました」と感謝し、最終的には黙らせるというやり方は、ほとんどの事例に共通している。結果として、社会規範は2へと徐々に変わっている。男性たちの口からも、「男だ、女だと言っている時代ではない」と、性別にこだわることの無意味さが語られる。また、「知恵を出し合って協力し合うのが一番よい」とも言わせている。

正面から言うと通らない

事例8の八頭《やず》郡郡家《こおげ》町にあるみかど館で聞いた女性町議会議員中村良子さん（仮名）の話は、「進め方に重大な問題がある」と言われている例である。中村さんは、事例11の田舎のヒロインわくわくネットワークメンバーの間では高い評価を得ている。ところが、地元の郡家町では、男性たちに不人気だ。また、女性たちの間でも中村さんの言動に対するとまどいは多く、必ずしも高い支持を得ているわけではない。中村さんをよく知っている、みかど館女性部代表平田房子さん（仮名）さんは言う。

「中村議員さんの言っていることは正しいし、私たちも心の中ではスカッとするくらい。でも、面と向かって言われた人は、立場がない。面目丸つぶれになって、そうしたら、逆恨みということになってしまいます。まだまだ郡家町は田舎だから、男社会です。都会とは違う。だから、男女共同参画を進めていくのは当たり前だと思っていても、それを正面から言うと、正しいことでも通らないこともある」

みかど館は鳥取県の事業を契機に設立された農産物直売所で、旧村を単位とする五集落に参加を呼びかけて生産者を集めた。管理運営組織は、各集落の代表(選出されたのはすべて男性)と女性部から構成されている。女性部は、家庭菜園や畑・果樹園などの農作物や加工品をみかど館に出している女性生産者で組織され、一年を通じてなるべく商品が途切れず、多くの種類が並ぶように、作付けに工夫をしている。それでも途切れたり、旬のころには同じ種類の野菜類が大量に持ち込まれたりする。ただ、地産地消をめざしているのだから、最終的にはそれも仕方ないと考えている。

しかし、女性部以外の意見は違う。「徹底的に品数をそろえるべきで、足りないなら市場から仕入れてきてでも販売すべき」と言う。女性たちは「そこまでして売り上げを伸ばさなくてもよい。大事なのは、地元の小さな農業者の生産意欲を高め、自分の財布を持ち、地産地消を進めることだ」と思っている。こうした考えの相違は運営会議でしばしばぶつかり、男性たちとの間に大きな緊張関係を生じる。中村さんは、そうした問題に対してズバリと発言するために、男女どちらからも困惑気味に受け止められているのだ。

中村さんは「あんたらなあ、それはおかしいですで」と、地産地消とは何か、直売所であるみかど館はスーパーとどこが違うか、などを説明してきた。中村さんの言っていることは正しいと思うし、平田さんたちがめざすみかど館の姿ともほぼ一致している。しかし、発言内容ではなく、男性に対して遠慮なく対峙する中村さんの態度に、男性たちからの批判が集中してしまう。平田さんは、「男性たちを黙らせるほどの力を、まだ私たちはもっていませんから」と悔しそうに話す。

男性リーダーの力をうまく使う

二つめは、地域の男性リーダーの力をうまく使う場合である。女性たちは、すでに家族内では夫との協力体制をつくり出しているので、夫をはじめとする地域の男性たちの口を通じて、「女性たちはよくやっている」と、さまざまな場で話題にしてもらうことが多い。とくに、リーダー格の農家女性の配偶者は、多くの場合は地域の男性リーダーであるので、集落に対する強い影響力を有している。

事例5は、農家・非農家にかかわらず農村の女性たちが我が家の食生活改善をとおして、親子、嫁姑などの家族関係や役割などを見つめ直し、ずっと住みたい地域づくりを考える活動へと広がりを見せてきた（第6章で紹介した「上竹ひまわりの会」）。

男性たちも自分の妻や母たちの変化の影響を受け、「自然と」女性たちの活動の応援や協力へと向かっている。たとえば、食生活全般の見直しにつながっている料理教室の取り組みから、「料理のレシピ集がほしい。じゃあ、つくろう」という話が持ち上がった。誰にもわかりやすいように、見た目もきれいなように、写真も付けようということになったら、会員の夫でパソコンを使うのが得意な人がいて、「わしでよけりゃあ、手伝いますで」とデジカメの写真、編集などを中心にやってくれたという。

そのほか、各会員の家庭で、上竹ひまわりの会の活動の話題が増え、夫や舅も興味や理解を示してくれている、と話す人も多い。とくに、地域リーダー格の男性による「上竹ひまわり会の人らあ（たち）は楽しそうでええのお。わしらも負けずに何かしようや」という肯定的な発言は、会の活動を後押ししている。

事例6では、女性たちの活動をほとんどの夫や息子たちが応援している。リーダー格の友田章子さんの夫弘介さん（仮名）は、長藤地区の男性たちが女性たちの活動をどう見ているかについて、次のように話していた。

「母ちゃんたちは、ほんとにきばってくれとる。男がそれを認めんわけにはいかん。そうすりゃ夫婦仲よう、親子仲ようできる。すると、ムラも明るくなる。みんなで助け合うてやっていくことが、楽しく暮らすコツじゃ。私ら、きれいごとで言いようるんじゃない、本当のこと」

事例9のリーダー、渡育恵さんの夫忠夫さん(仮名)は地域のリーダーで、過疎化・高齢化の進む集落で、生きがいをもちながらどう暮らしていくかを仲間たちと考えてきた。二〇〇一年四月から、農業や農産加工の体験ができる農業公園を拠点に都市―農村交流事業を始めている。忠夫さんは集落内の人びとはもちろん、益田市全域においても人望が高い。その忠夫さんが妻の育恵さんを対等なパートナーとして認めているとさまざまな場で発言していることが、育恵さん個人の評価および彼女がかかわる農家女性の活動への評価を保障するものになっている。

このように、農家女性たちが集落に向かって直接的に働きかけるのではなく、男性たちが働きかけることは、1―①「私領域規範」・1―②「補佐役規範」の無化につながり、結果としてムラとの緊張関係を解消もしくは押さえ込むことになっているのである。

4　エンパワーメントを促進する社会的背景

(1) 社会規範2と適合的な社会的雰囲気の醸成

11の事例のいずれからも、2―①「男女平等規範」・2―②「業績主義規範」と適合的で、農家女性たちの活動を促進するような社会的雰囲気が広く存在していることがうかがえる。いまや、農家女性が自家の農業経営へ参画し、集団やネットワークをとおして生産・加工・販売などを手がけることは、「当然のこと」「時代の流れ」「自然なこと」と見なされつつある。「昔とは違う」「私たち女性の力が認められてきた」「自分たちがその気になれば、何とかなる時代」「黙って、我慢していなくてもよい」「男か女かにこだわる時代ではない」などの言葉が、聞き取りのなかで頻繁に聞かれた。

この社会的雰囲気がつくり出されてきたおもな要因の一つに、一九九〇年代に入ってからの男女共同参画社会基本法および家族経営協定の締結推進といった国・地方自治体の施策がある[15]。事例9のアグリレディースフォーラム21は、そうした社会的背景をもつ事業の典型である。代表の渡育恵さんは、九九年から益田市で初の女性農業委員を務めている。事例2の代表長岡妃美子さん、事例3の創始者山内アイ子さんは、二〇〇二年六月から、壱岐郡農協の女性理事を務めている。長岡妃美子さんは二期目である。事例4・5のリーダー工藤豊子さんは、町・県の農業や地域づくり関係の審議会や委員会の委員も務めている。「このごろは男女共同参画言うて、女を委員に入れるのが流行らしい。おかげであちこちから声がかかって忙しいけど、発言するええ機会じゃ思うて引き受けとります」と話す。

もう一つは、農協婦人部や生活改善運動での長年の活動をとおして蓄積された、農家女性たちの活動の成果がある。渡さん以外は、事例1～11まで、リーダー格の女性に限らずメンバーの多くが、農協や農業改良普及所の事業によって力をつけてきた歴史をもつ。それぞれの活動をとおして、個人の財布を持たなかった農家女性たちの多くが自分名義の通帳を手にし、自分の能力を徐々に開拓・開発してきたことは、あまり目立たないが実はたいへん大きな成果である。

農家女性の活躍を期待し、奨励する現在の社会的雰囲気は、農家女性たちの活動を促進する社会的背景の一つになっている。女性たちは各種事業の積極的な導入や家族経営協定の戦略的利用など、利用できる機会を積極的に活かしている。

(2) 農業の六次産業化と女性の役割の再評価

農業の六次産業化は農家女性たちの役割の再評価に向かい、それが活動を促進する背景の一つとなっている。六次産業化とは、第一次産業(農業生産)と第二次産業(農産物の加工)と第三次産業(農産物の流通・販売・サービス業)、の三つを足す、あるいは掛けること、つまり農家が農業生産だけでなく消費までの一連の流れをおさえることを指す。

農作物の生産だけが農業、農家の仕事ではないという認識の一般化によって、農家の行為は大きく変わった。いまや、農家女性の活動は、生産・加工・販売、都市との交流、仲間づくりなど多岐にわたる。従来のように生産だけなら、女性の力を借りずに男性だけでも十分可能であったが、加工・販売、都市との交流、仲間づくりとなると、そうはいかなくなる。衣食住の用意を基本とする農村生活の提供は、男性だけでは到底カバーできない領域になるからである。

事例10以外では加工・販売がなされており、そこは女性たちの独壇場である。事例6・7で行っている都市との交流事業でも、多人数の食事・宿泊・農業体験や交流の企画や立案など、女性たちが得意とする食事の支度や他人の世話などで、その能力は存分に発揮されている。

いままで農家女性たちが地道にやりながら自家消費としてほとんどお金にならず、そのためにほとんど評価されてこなかった農産加工。新たに取り組む都市との交流。消費者との対面販売。それらにおいては、女たちのもつ高い家事能力、子育てや介護で培われてきた他者との共感能力などが役に立つ。それらが周囲から求められ、評価されると同時に、女性たち自身の自信に結びつく。こうして、家の収入にとっても、ムラの活性化にとっても、農家女性の潜在的能力は計り知れない魅力となっている。

図8　家の収入内訳と適合的な規範の変化（大規模専業農家を除く）

第１期：農業経営収益＋各成員の農外収益＝１つの財布
↓
第２期：農業経営収益＋各成員の農外収入＝家の財布＋各成員個人の財布
↓
第３期：農業経営収益＋各成員の農外収入＋各成員の農業収入＝家の財布＋各成員個人の財布

	第１期	→	第２期	→	第３期
適合的規範	1—①・1—②		1—①・1—② 2—①・2—②		1—①・1—② 2—①・2—②

（出典）聞き取りをもとに作成。

（3）家存続への貢献

家は生活経営体であるから、農家女性を含む各成員にとって家の存続は重要な意味をもつ。農家女性のエンパワーメントを促進する社会的背景として、家存続の方法の変化があげられる。図8は、家の収入内訳の変化とそれに伴う適合的な規範の変化について、高度経済成長期以前から現在までを三期に分けて整理したものである。

第一期は、高度経済成長以前である。家＝無償労働組織として家長の指示のもと、家成員が働く形態を取っており、1—①「私領域規範」・1—②「補佐役規範」が適合的な規範であった。しかし、高度経済成長期以降、農業の近代化の一方で兼業化が深化していくなかで、家の収入内訳は大きく変化し、2—①「男女平等規範」・2—②「業績主義規範」が適合的規範として適用されるコンテクストが登場する。

第二期は、高度成長に伴い農業の兼業化・機械化・化学化が進行していく時期である。農外就労する家成員の行動をコントロールしきれない状況の出現により、家の財布と個人の財布という家計構造の複雑化が自明視されていく。農業経営収益部分については、依然として家＝無償労働組織として、家長の指示のもと、各成員が働く形態が残り、そこでは1—①「私領域規範」・1—②「補佐役規範」が適合的である。しかし、各成員の農外収入部分は各成員の能力に大きく依存しており、2―①「男女平等規範」・2―②「業績主義規範」が適合的となる。さらに、家の収入全体に占める比率も、農外収入が増大し、家族の勢力構造や役割構造も変化していく。

第三期は、活動により農家女性の多くが個人の財布を手にしていく八〇年代なかば以降である。自家の農業経営収益部分については、依然として家＝無償労働組織として、家長の指示のもと、家成員が働く形態で、1―①「私領域規範」・1―②「補佐役規範」が適合的である。一方、各成員の農外収入部分は各成員の能力に依存し、2―①「男女平等規範」・2―②「業績主義規範」が適合的である。また、各成員の管理部門からの農業収入は各成員の能力に依存し、やはり2―①「男女平等規範」・2―②「業績主義規範」が適合的である。農家女性の活動とそれによる収入はその典型例だ。家の収入全体に占める比率は、農外収入がいっそう増大し、管理部門での成功をベースに担当者の発言力は増加している。

このように、農業や農家を取りまく社会全体の変化のなかで、個々の農家が選択してきた家の経営方針とそれに適合的な規範の変化が、結果としては農家女性の活動を促進する背景となっていることがわかる。なお、第二期および第三期における各規範そのものには、ほとんど変化は見られない。規範の中身が変わるのではなく、状況の変化による規範の使い分けが起こっているのである。

（4）ムラ存続への貢献

ムラは組織化された集落である。従来は、1―①「私領域規範」・1―②「補佐役規範」の規範に沿って、ムラは男性が動かすと考えられており、ムラの寄り合いをはじめとする村落組織の運営は、男性の仕事とされてきた。リーダーは男性、補佐は女性で、企画・提案・実行は男性で進め、女性は指示されたことをただ手伝っていた。

しかし、過疎化・高齢化の流れのなか、多くの農村において、女性の数を無視できない状況が出てきた。さらに、農業の六次産業化における女性の役割の再評価が示すように、数だけでなく女性のもつ能力(潜在的なものも含めて)そのものを無視できないばかりか、頼らざるを得ない状況も出ている。ともに協力し合うほうがはるかに生産的だと考える人が、男女を問わず増えてきた。こうして、ムラの利害(男性の利害)と女性の利害が一致して、ムラの繁栄(活性化)のためには、男女がともに協力し合うことが必要という認識が、比較的容易に形成されてきたのである。

その結果、従来とは明らかに違う新たな公的領域がムラに形成されている。それを仮に、新・公的領域と呼ぶことにする。それは、農村—都市交流事業とその施設管理運営、地域特産品の開発・生産・販売などを指す。その領域が男性だけでは手に負えないことは、集落の男女ともに認識されている。

このように、ムラ存続の方法の一つとして農家女性の活動が位置づけられていることが、農家女性の活動を促進する社会的背景の一つである。

5 エンパワーメントを促進する諸要因

(1) 女性が有する社会資源の増加

農家女性個々人がもつ社会資源が増えたことが、活動に伴う諸問題への対応を容易にし、家族内の勢力構造に影響を及ぼし、活動の促進につながっている。[16] ここでいう農家女性の社会資源とは、学歴、生活経験、経済力を指す。社会資源の増加は、個人のライフコース上増加していく場合と、世代間や男女間で比較した相対的な増加の場合の二つを含む。

聞き取りを行った女性たちの多くは、戦後生まれで男女平等の教育を受け、夫と比較してもほぼ同等の最終学歴を有している。戦前生まれの場合でも、リーダー格の女性となると、女学校卒業という当時としてはぬきんでて高い学歴をもつ。夫との比較、舅・姑世代との比較においても遜色のない学歴は、家族内の勢力構造に一定の影響を与えている。

生活経験を豊かにする契機には、農外就労、農業経営への参画、農協婦人部活動などがあった。それら諸契機は、田畑と家との往復で成立する世界とは別の世界を農家女性たちに与える。その経験が、農家の暮らしや農業のあり方を相対化する視点をもたせやすくする。すると、二つの異なる社会規範の間でのダブルバインドな状況も意識化され、その打開策を個々人の内部で模索したり、仲間と共有したりする。その結果、自家の農作業へのかかわり方をより主体的で、やりがいのあるものへと変えていくことにつながるのである。

経済力の獲得がもつ意味も大きい。夫が安定的農外就労従事者であるとか、舅・姑が病弱もしくは死亡などにより、農業経営を早くから譲られたり、ある部門を任されたり、安定的農外就労者の夫の給与の一部を自由に使えるお金として保持していたりする。図8（二一六ページ）で見たように、成員の収入が増えることは家の経営全体にとってプラスの機能をもつだけでなく、その成員の家経営における発言力も増す。

このように、女性のもつ社会資源が増えることで、家族関係に変化が起きる。まず、夫婦の関係性が変化する。夫にただ従うのではなく、夫と妻がお互いを尊敬し、尊重しあえる関係となる。夫との社会資源格差の縮小は、対等もしくは対等に近い夫婦の関係性を成立させやすいからである。舅・姑世代との社会資源の逆転は、優位に立つ女性が舅・姑世代を立てることで対等な関係性へと向かうことになる。

母と子、祖母と孫との関係も、生きがいをもって働く、尊敬される母・祖母として、優位性をもつ。家庭菜園や小さな畑ではあるが、一年中たくさんの種類の野菜を有機無農薬（または減農薬）栽培で作り回す技術。野菜や山菜

・キノコなどの加工法を知っていて、漬け物その他おいしいものを食卓に並べる技術。いつも元気で、友だち（直売所や加工グループなどの仲間）も多く、ときには研修に出かけて新しい知識を仕入れ、試してみるような前向きな態度。こうした母や祖母を、子どもや孫たちは尊敬のまなざしで見つめるようになる。

（2）活動をとおしてのエンパワーメント

女性の有する社会資源の増加は、活動への参加と継続を容易にする。さらに、活動をとおしての女性たちのエンパワーメントが、いっそうの促進効果をもつ。エンパワーメントは二つのレベルで進む。一つは個人のレベル、もう一つは仲間同士で引き上げながらの底上げである。一一の事例で活動の牽引役となる女性は、多くの場合、卓越したリーダーとしての資質をもっている。高い学歴、知性やユーモアにあふれた魅力的な人柄、前向きで高い行動力、強い責任感など、まわりの人たちがついていきたい、いっしょに活動したいと思わせるような魅力である。

そうしたリーダーに一生懸命についていくなかで、従来の規範1―①「私領域規範」・1―②「補佐役規範」に沿うような行為のみの生活から、2―①「男女平等規範」・2―②「業績主義規範」に沿うような行為も増える生活へと変化していく。女性たちは責任の重い仕事の遂行をとおして、自分で考え、意見を述べ、みなで協力しあったりすることを身につける。そして、成長していく女性たち同士で形成される社会関係の中身に変化が生じる。その結果、メンバーたちの顔ぶれは変わらないにもかかわらず、多くの事例で「自分自身や仲間に誇りをもてるようになった」と語られる。事例7の母体は、「集落のまかない役（食事などの世話係）」としての機能を果たしつつ親睦的な要素が強い地域婦人会であったが、鳥取県の事業導入を契機とする活動をとおして、お互いを仲間として誇りに思える集団に変化している。

さらに、女性のみの活動においてではあっても役職経験を積み重ねることで、自分の意見や考えをまとめて人前で話すことができるようになり、男性といっしょの場でもきちんとものが言えるようになる。自分自身の成長とともに、まわりの目も変わるからである。リーダーの女性たちは、「大きい役をすればするほど、ハクがつく」「一目置かれるようになる」と話す。こうした変化は、「任された→やるしかない→やってみた→できた→自分と仲間に自信」として表せるだろう。地域で仲間をつくり、広げ、活動を展開することで、女性たちのエンパワーメントが進み、活動がいっそう促進される。

（3）公的機関・組織の効果的な利用

表4（二〇四ページ）が示すように、活動の多くは何らかの公的機関や組織と関係している。関係の仕方はさまざまであるが、その機関・組織の威信、資金、知恵や手法、場所（会場）、事務局体制などが、女性たちの活動を支える多くの資源として、効果的に利用されてきた。

たとえば、農家女性たちが活動を始める際に、「普及所の先生が勧めてくださっている」という言葉は、家族および集落の人びとに対してかなりの有効性をもつ。さらに、活動に必要なお金の多くが何らかの事業費として使用でき、まったくの手弁当ということはほとんどない。活動内容や進め方など全般的な事柄について、諸機関・組織の担当者たちの知恵や手法を真似たり借りたりもできる。そのほか、会議やイベントなどに必要な場所も無料もしくは安価に借りられ、活動に伴う事務作業全般の支援も受けていることが多い。

農家女性たちは近年、自分たちに向けて男女共同参画社会、家族経営協定、都市―農村交流事業の推進などが盛んに働きかけられていることを、認識している。そうした上から、あるいは外部からの働きかけが、実際にどの程度農家の人びとに受け入れられるかは、慎重に見ていかねばならないが、女性たちにとって、必要に応じて利用できる「頼りになる存在」であることは間違いない。

（4）他の活動からの資源動員

田舎のヒロインわくわくネットワークの大会終了後
達成感にあふれた表情の実行委員たち

「足元での活動」と「全国的な活動」は、相互補完的な関係にある。足元での活動が、全国的な活動から得るものは、地域を超えた多様な人びととのつながりと、そこから見える農家女性・農業・食などを取りまく普遍的問題である。また、自分の活動がもつ意味や妥当性を常に確認できる場にもなっている。

事例11のメンバーで北海道の牛飼い中藤久美子さん（仮名）は、二〇〇二年三月の全国大会準備実行委員会の席で、こう話した。

「家の近くでまじめな話をしていたら、おかしいっていう顔をされませんか？　考えていることを話せる人が、なかなか近くにいないんです。だから、ここに来たら、元気が出るし、間違っていないと自信ももてます」

事例10のメンバーで、事例9の代表渡育恵さんも同様だ。

「毎日、新聞をとおして全国の仲間とつながっていると感じる。年に一回、出雲グループで一泊二日で集まってゆっくり話したり、中四国ブロックの集まり、全国大会、それぞれで元気をもらう」

逆に、「全国的な活動」も「足元での活動」があるからこそ共感や説得力をもつものとなり得ている。事例11のネットワークのメンバーたちは、ふだんは自家の農業経営と足元の活動に忙しい。そこから見えてくる問題を年に数回の勉強会に持ち寄ったり、二〜三年に一度の全国大会で議論することで、自分でものを考え行動する農家女性たちという動きを常につくり出している。

（5）社会の見え方・かかわり方

自分たちの望む社会に変えるには、枠組みに気づき、その枠組みを変えることが必要だと考える農家女性が増えてきた。「政治」に関心をもち、議員・委員の力を借りるのは当然で、自らが議員・委員になって組織や社会を変える動きも生まれている。事例2の代表長岡妃美子さんは農協の女性理事(〇一年時点で二期目)を引き受けるとき、こう考えたという。

「これまでは男というだけで、地域から選出されて農協の理事になったり、農業委員になったり。順番で、だいたい次は誰と決まっている地区もある。女のなかにも優秀な人はたくさんいるし、農業のことを本気で考えて頑張っている人も多い。女の人の意見も入れないとこれからの組織はだめ」

事例8では、女性の声をよく聞いてくれる議員・町長を選ぼうとする動きが強まっている。事例11では、全国大会の分科会で「女性の声を議会に・議員ネットワーク」が設けられ、そこでの意見交換をきっかけに市町村議会議員をめざす農家女性たちが出てきた。当選して市町村議会議員を務めている人の体験談もその場で語られ、農家女性の政治意識に大きな刺激を与えている。社会をつくっているのは私たち一人ひとりで、居心地が悪ければ社会をつくり替えることも可能であるということが、しだいに意識化されていったのである。

ここでの「政治」とは、地方議会や国政レベルだけではなく、農業や農家生活にかかわるさまざまな集団・組織で展開される力関係を指す。したがって、地方自治体・国の議員だけでなく、農業委員や農協理事なども視野に入る。『「男社会だ」と文句を言っているだけでは変わらないから、その組織の運営にかかわる立場をまず獲得することから始めよう」という呼びかけは、多くの女性たちの共感を呼んでいる。「自分にはできないが、あの人なら私の代わりにやってくれる」と仲間から代表を送り出したり、男性であっても意見が近かったり一致すれば応援する。参画と運営をめざす態度が、自家の農業経営、集落の運営、農協組織、生活改善などのグループ、その他さまざまな自分の視野から広がる社会への主体的かかわりへと向かい始めている。

6　まとめと課題

本章では、農家女性が家・ムラとの緊張関係をどのようにして乗り越えながら、活動の場を広げてきたかに注目した。農家女性たちは活動に伴い、自己の行為と1―①「私領域規範」・1―②「補佐役規範」・1―③「新・性別分業規範」とのズレから、家・ムラとの緊張関係を経験していた。しかし、それへの対応として、社会規範の正当性や妥当性を正面から問い直すのではなく、表面上は「私領域規範」「補佐役規範」が適用されているかのように装いながら、2―①「男女平等規範」・2―②「業績主義規範」に基づく行為を積み重ね、女性たちの活動は家・ムラの存続や繁栄に有効に働くことを示すという方法をとったのである。その結果、男性たちの面子を立てつつ「私領域規範」「補佐役規範」を無化し、「男女平等規範」「業績主義規範」の適用を進めることに成功した。

一一の事例をとおして見た農家女性のエンパワーメントを促進する社会的背景には、2―①「男女平等規範」・2―②「業績主義規範」と適合的な社会的雰囲気の醸成、農業の変化と女性の再評価、家存続の方法、ムラ存続の方法がある。さらに、エンパワーメントを促進する諸要因には、女性がもつ社会資源の増加、エンパワーメントの成果、諸機関・組織の効果的利用・他の活動からの資源動員、社会の見え方・かかわり方の変化がある。こうした社会的背景や諸要因のなかで、農家女性たちが活躍の場を広げてきていることが明らかになった。

最後に、残された課題を記しておく。

第一に、農家における性別役割分業をどう捉えるか。家事全般や介護・子育ても含め、農家の暮らしのなかで性別役割分業をどう捉え、乗り越えていくのか。

第二に、生産と消費の一体化をどう捉えるか。高度経済成長以降の近代的農業の観点からは、それは解決すべきことと捉えられてきたが、生産と消費の一体化こそ農家の暮らしだと捉える近年の観点からは、今後の農家や農業のあり方を考えるうえでの大きなヒントとして、むしろ高く評価されている。その例については第7章でも紹介した。今後の課題は、近代社会の農家において生産と消費の一体化がもつ積極的意味に関する理論的考察である。

第三に、家族労働のもつ無償労働組織的性格をどう解消するか。現在、兼業化がかなり深化し、家計全体のなかで農業収入が占める比率がわずかとなっている農家家族の場合、「分けるおおもとが小さいのだから、ただ働きになっても仕方ない」という了解が成立しており、専業農家や兼業でもパイの大きな農家家族の場合が問題となっている。家族経営協定も含めて、労働報酬が適正に分配されるしくみをどうつくっていくのかが問われる。

（1）丸岡秀子『日本農村婦人問題』高陽書院、一九三七年（一九八〇年にドメス出版から復刻）。

（2）江馬三枝子『飛騨の女たち』三国書房、一九四二年（『〈新装版〉飛騨白川村』未来社、一九九六年に所収）。江馬三枝子『白川村の大家族』三国書房、一九四三年（前掲『〈新装版〉飛騨白川村』に所収）

（3）溝上泰子『日本の底辺─山陰農村婦人の生活─』未来社、一九五八年。溝上泰子『生活者の思想』未来社、一九六一年。

（4）高橋明善「農村家族の変化と婦人の地位」丸岡秀子・大島清編『農村婦人（現代婦人問題講座第三巻）』亜紀書房、一九六九年。

（5）川手督也「家族経営協定」『日本の農業』二〇六号、農政調査委員会、一九九八年。川手督也「農村生活の変貌と二〇世紀システム」日本村落研究学会編『年報 村落社会研究―日本農村の「二〇世紀システム」生産力主義を超えて―』第三六集、農山漁村文化協会、二〇〇〇年。

（6）藤井和佐「女性地域リーダーにみる『構造転換』その後―長野県池田町の事例から―」『年報 村落社会研究 日本農村の構造転換を問う 一九八〇年代以降を中心として』第三八集、農山漁村文化協会、二〇〇二年。

（7）市田（岩田）知子「生活改善普及事業に見るジェンダー観―成立期から現在まで―」日本村落研究学会編『年報 村落社会研究 家族農業経営における女性の自立』第三一集、農山漁村文化協会、一九九五年。市田（岩田）知子「戦後改革期と農村女性―山口県における生活改善普及事業の展開を手懸かりに―」『ジャーナル村落社会研究』第一五号、二〇〇一年。

（8）永野由紀子「小経営組織としての『いえ』における女性の『個』の自立化―山形県庄内地方の専業的農家の事例―」『ジャーナル村落社会研究』第一二号、二〇〇〇年。

（9）靍理恵子「農家の女性が『自分の財布を持つこと』の意味―行為主体・その家族・当該地域社会に与える影響について―」『順正短期大学研究紀要』第二五号、一九九七年。靍理恵子「農家の『嫁』から農家の『女性』へ―長崎県壱岐島のある女性のライフヒストリー―」『順正短期大学研究紀要』第二六号、一九九八年。靍理恵子「農家の家計構造変化のプロセスとその影響―農家女性の視点から―」女性民俗学研究会編『女性と経験』二四号、一九九九年。靍理恵子「生業の創出とムラ―岡山県奥津町の農家女性の事例―」『女性と経験』第二七号、二〇〇二年。靍理恵子「農協と行政がすすめる有機農業―岡山県賀陽町―」桝潟俊子・松村和則編『食・農・からだの社会学』新曜社、二〇〇二年。

（10）井上輝子ほか共編『岩波女性学事典』（岩波書店、二〇〇二年）の「エンパワーメント」（執筆：村松安子）の項目を参考にした。

（11）靍理恵子「現代日本における家研究の有効性―複世帯制家族の位置づけを通して―」甲南女子大学大学院研究論文集『社会学研究』第八号、一九九〇年。
（12）鳥越皓之の規定に拠っている。鳥越皓之『家と村の社会学（増補版）』世界思想社、一九九三年。
（13）「新・性別役割分業意識」は、一九八〇年代の樋口恵子による造語。
（14）鈴木栄太郎の「村の精神」にヒントを得た。鈴木は、村の精神を「人びとの行動を方向づける行動規範のことであり、その行動規範は過去からの人びとの生活の蓄積から生じたもの」と捉え、さらに、この精神を固定的なものとは考えておらず、「精神の示す行動雛型を無視し拮抗」する集団や個人が現れることで、この精神は「発展」するとしている。鈴木栄太郎『日本農村社会学原理』（時潮社、一九四〇年。一九六八年に未来社から復刻）一二四ページ。
（15）家族経営協定は、一九九〇年代後半、農家および農村社会における男女共同参画推進の施策として、行政主導で鳴り物入りで展開された。しかし、協定を結ぶ当事者である農家や協定を奨める農業改良普及センターの生活改良普及員への聞き取り調査からは、その施策の効果について懐疑的とする声も多く聞かれる。締結農家の女性たちは、「文章化することに意味があるとも言える。定期預金をつくったようなもの、何かいざというときの安心になるような気はする」「文章化したことで、家族の頭の中がすっきり整理されてよかった」と話す。しかし、そう話した女性たちが続けて、否定的な評価も口にした。それは、すでに、これまでの話し合いなどにより、実質的に家族経営協定の中身を実践してきているような農家が締結しているだけで、本当に締結して変わったという農家が締結するものとはなっていないという点である。家族経営協定担当の職員たちからも、「数あわせのような感じで……」「私たち普及員が本当に結んでほしいと思う農家には、話すら聞いてもらえない。では、そうした農家を相手に、私たちがねばって働きかけるかというと、そこまでの強い姿勢も普及所にはないんです」と聞いた。つまり、協定締結に至った農家は、以前から夫婦間、親子間において話し合いが十分なされ、一人ひとりが意欲をもって働けるような労働環境がかなり整っていた場合が多い、という傾向である。逆に、給料や休業日、一日の労働時間、年間の作付け計画や中長期的な農業経営などに関して、あまり発言権を有していない家族メンバーが多い農家においては、家族経営協定の話すらできないという現実もある。これらから、まだ政策として十分な効果を上げていないと言えるであろう。

（16）森岡清美・望月嵩によると、家族内の勢力構造の規定要因は、規範・資源・人間関係的要因からなる。一般に社会規範は、親世代が子世代より勢力が大である。家族員それぞれの資源（学歴・収入・職業的地位など）が勢力の大小を規定するため、子世代の資源が親世代を上回ることで、勢力構造に変化が起きる。森岡清美・望月嵩『新しい家族社会学（四訂版）』培風館、一九九七年、参照。

エピローグ

女が変わり、男が変わり、地域が変わる

本書では、農家女性の社会的地位の変遷と農村社会および現代日本社会の再編・変革との相互連関性を明らかにすることを主眼とした。そのために、全体を貫く視点として、以下の二つを掲げた。一つは分析の単位に個人を据えること、もう一つはフェミニズムの視点に立つことである。ここでは、この二つの視点から、先に掲げた問いがどのように解明されたのか、まず各章ごとに整理し、次に全体を通して明らかになったことを述べる。

各章のまとめ

第1章では、長崎県壱岐島の朝市にかかわる女性たちの事例をとおして、個人にとって自分の労働が正当に評価されることがいかに重要な意味をもつかを捉えた。直売所や無人の販売市へ自己の労働の成果としての農産物・加工品を出すことで、一定の現金を手にする。その結果として、「自分の財布」を持つ。この経験は、従来、自己の労働に対する明確な評価をほとんど受けたことのなかった女性たちにとって、初めての経験であり、その意味において画期的なものである。この経験を積み重ねるなかで、女性たち自身が自己イメージを肯定的に修正し、夫をはじめとする家族員との関係も良好なものに転じた場合も見られた。また、女性たちの農業観もおおむね肯定的なものに変化していく。

第2章では、農家女性の家における地位を知る一つの重要な手がかりとして、家庭菜園の管理に着目した。農家が非農家と大きく異なる点は、アンペイド・ワークの多さにある。それは、女性だけでなく男性も担うが、聞き取りからは男性よりも女性が長時間のアンペイド・ワークに従事していることがわかった。

その一つに、家庭菜園の管理がある。これは、単に自家消費用の野菜を生産するという意味にとどまらない。一年中、できるだけ切れ目なくさまざまな種類の野菜を植え付け、収穫し、食べきることが、農家女性の腕の見せどころであった。しかし、高度経済成長期以降、現金収入獲得の手段を農外就労に求める動きが加速する。農業の規模拡大を選択した農家もあった。いずれの場合も、農家の人びとの労働強化へつながり、家庭菜園の管理の放棄が進んだ。ここまでは、各家々の家事の延長線上で、それぞれ閉じた世界である。

その後、食生活の改善や支出抑制のための自給の見直しなどの生活改善運動が進むなかで、家庭菜園の復活が始まった。農家女性たちはお互いの家庭菜園の見学や栽培技術の講習会などをとおして、家庭菜園に関する情報交換を行い、個々の家事の延長上から開かれた世界へと移行する。さらに、生産技術の向上とともに、自家消費量を超えて生産がなされるようになると、新たな消費先が模索され、朝市や無人販売所が創設されていった。こうして、朝市という金銭化が可能になる場を得ることで、家庭菜園の管理はアンペイド・ワークから一転して、ペイド・ワークへと転換したのである。同じく家庭菜園と言いながら、そこで行われる労働が金銭とどう結びつくか否かで、労働の中身も意味も大きく異なっている。

そして、家庭菜園の維持管理にペイド・ワークの道が拓けることにより、それまでほとんどかかわってこなかった男性たちにも、新たな担い手が見られるようになる。また、家庭菜園の余剰分を朝市に出しているかぎりでは、女性の小遣いとして自由になっていたものが、一定以上の金額を売り上げると、家計へのいくばくかの拠出を求められることも生じた。

これらからわかることは、農家女性のおかれているきわめて曖昧な立場である。家庭菜園が金銭的価値を生み出す前は、女性に任せられていたものが、金銭的価値を生み出すようになると、家経営に組み込まれかねない動きが出てくる。農家女性たちが自分の財布を持てるようになる場としては、家庭菜園にとどまっていては不十分なのである。つまり、第1章、3章、4章で述べたように、金銭化を当初より意味付けられている一般圃場で、女性が一人で生産・販売・現金の獲得まで行うことで、女性は経済力を手にできるのである。

第3章では、農家女性が「テマ」から「労働の主体」への転換をとげていくプロセスを明らかにした。壱岐島で発行されている地元新聞の一九五〇年代から六〇年代の記事からは、家長の強力な権限のもと、家成員がテマとして扱われていた様子が読みとれる。同時に、そういう状況に対する強い不満もうかがえる。さらに、単にテマとして扱われるだけでなく、生活時間の配分も思うように自分で決定できず、決まった小遣いや報酬もないことがわかる。そうしたなかでは、自分でものを見、考え、行動するよりも、他者の顔色をうかがいながら、その意に沿うものを選択するという行動様式が身についていった。

こうした状況がしだいに変わっていくのは、高度経済成長期以降である。農業の兼業化が進行し、家長による労働組織および日常生活全般の統括が崩れていくことが契機となり、女性たちは自己決定する労働の主体へと転換する。

第4章では、家およびムラにおける農家女性の活動の重要性が認識されることによって、家やムラの運営において女性が実質的に力をつけてきていることを岡山県の中山間地の事例をもとに明らかにした。この事例からは、ムラの男性たちの協力的な態度が際立っている。しかし、それは一朝一夕にできたものではない。戦前からの長い伝統的兼業のもとで、女性たちが農業をおもに担ってきたこと、さらに昭和五〇年代からの加工品の生産・販売の実績のうえに得られたものである。リーダーの女性が言うように、「口であれこれ言うよりも、黙って実績を積んでそれを見せたほうがはるかに男性たちは認めてくれる」という戦術がたいへん効果的に働いている。女性たちが既存の社会規範のなかで、いかにうまく活動を続けるかの知恵については、第8章で詳しく述べた。

第5章では、農村が大きく変化していく昭和三〇年代に農家の嫁になった一人の女性の語りを中心に、嫁役割のほかにも一人の個人としての役割を自らのなかに発見していったことを明らかにした。第3章で、テマから労働の主体へと変化していった農家女性の典型例である。この女性の語りから、私たちは何を学ぶことができるのか。「たまたまうまくいった恵まれた女性の話であり、例外だ」と見るのではなく、なぜこの女性の場合、自分が変わり、家やムラを変え、地域に影響を与えていくことができたのか、その諸要因を考えるための事例として捉えることが重要であろう。

第6章では、ムラの変容のなかで、かつては周辺部におかれた異質性の高い個人たちが新たなリーダーとして中心的な役割を果たしつつあること、その流れのなかに農家女性の活躍も位置づけられることを示した。異質性の高い個人とは、定年退職後の帰農者、村外からの新規就農者、女性などで、あととり、長男、農業専従者、成人男性などの属性をもつ人びとがムラの中心的存在であった時代には周辺的存在、例外的存在であった人たちである。彼らは、兼業化・高齢化・過疎化の進行を背景に登場してきた。いま、そうした異質性の高い個人たちが活躍する場をもつムラにおいて、現在の諸問題をクリアする力を見い出すことができるように思う。

第7章では、戦後の農業の近代化過程で生じた弊害を、農家女性たちの取り組みがどう乗り越えようとしてきたかをまず捉えた。そして、そうした農家女性の活動が、自分たちの社会的地位の向上に寄与してきただけでなく、断絶している食と農をつなぎ、そこにある社会関係を再構築するものでもあること、それがさらに農村地域をつくり替えると同時に、都市にも大きなインパクトを与えていることを見た。近代化農業とは違うもうひとつの農業である有機農業、農家の自給的部分にこだわる暮らし方、農家の暮らしを都市に伝える取り組みなどから、新たな人と人との結びつきが生まれている。ここに、現在の日本社会を根底から問い直す大きな社会変革の可能性を見ることができる。

第8章では、農家女性の活動が家やムラの従来の社会規範とぶつかるとき、常に生み出される葛藤をどのように処理しつつ、女性たち自身がエンパワー（力をつける）してきたかを明らかにした。男女差別は不当であるという正論は、そのままでは農村社会を変える力にはつながりにくい。むしろ、かえって失敗することも多い。それを知りつくしている農家女性たちは、従来の規範に従うふりをしつつ、自分たちの主張をきちんと通す工夫をしてきた。そして、新たな社会規範の創出につなげることで、自分自身を変え、家とムラも変えてきたのである。一一の事例からは、葛藤をかかえながらも実力をつけ、地道に周囲を変えてきた農家女性たちの努力の蓄積、家とムラ、男性たちが変わってきた様子を見ることができる。

図9　家・ムラの内外からの変化への個人対応

外部社会からの影響
家・ムラ内部の変化
↓
家・ムラの対応
↓
人びとの生活意識（社会規範、生活経験）
↓
諸行為の選択＝何らかの対応
↓
家・ムラの再編（生活意識の変容を含む）

（出典）鳥越皓之「地域生活の再編と再生」（松本通晴編『地域生活の社会学』世界思想社、1983年）の図をもとに補足修正。

個人・家・ムラの変化

次に、全体をとおして明らかになったことをまとめておこう。図9と図10は、それを表したものである。

図9は、家・ムラ内外からの変化に対して、家・ムラの対応がどのようになされてきたのかを表している。何らかの変化へ対応するということは、人びとの生活意識に照らして、考えられる選択肢のなかから一つを選ぶということである。用意されている選択肢自体、その家・ムラの生活意識（社会規範や生活経験のうえに形成されたもの）に大きく規定されており、かつ、何を選ぶかも同様である。

図10　個人・家・ムラの変化と相互関連性

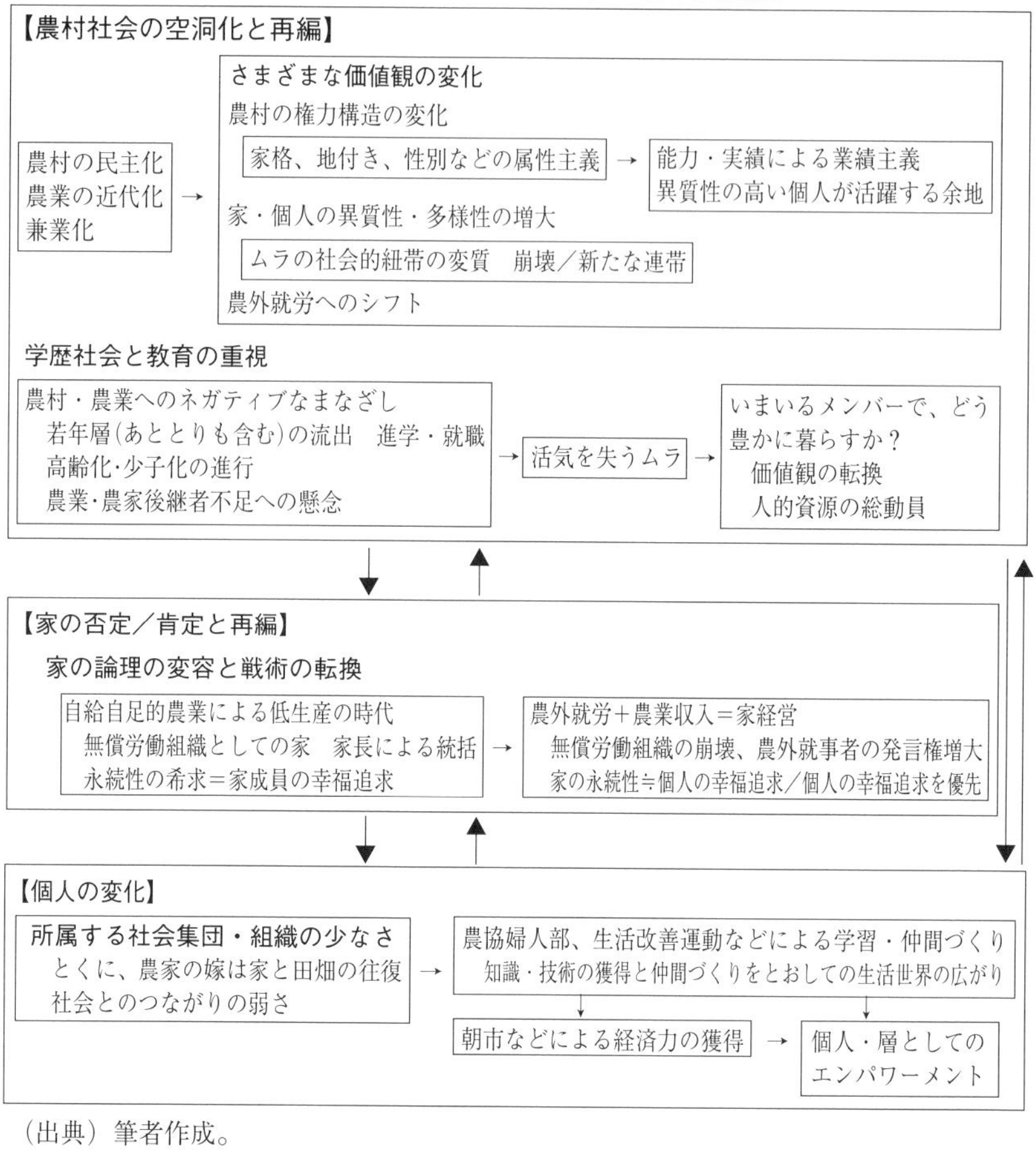

（出典）筆者作成。

その生活意識のフィルターをとおして、どのように対応するかの諸行為が選択される。そして、選択の結果、家・ムラの再編とともに生活意識の変容が生じることもある。こうした流れを繰り返しながら、農村社会の人びとは生活を続けてきたと思われる。

図10は、図9をふまえつつ、個人・家・ムラが相互連関性のもとで、それぞれどのような変化をしてきたかをまとめたものである。

農家女性の社会的地位は、聞き取り調査に基づき遡れたことからすれば、明治以降婚家およびムラ内において、たいへん低いものであった。それは、農家において、家は生活経営体であり、無償労働組織としての性格を強く有していたことによる。家長の指示のもと、家成員がみなテマとして働き、その労働報酬がほとんど得られず、「個人の財布」は持ちようがなかった。これは、嫁だけでなく、あととり息子、嫁から見た姑も同様である。しかし、家父長制および男尊女卑の考え方は、とくに女性の地位、なかでも嫁の地位を一番下位に位置づけた。だからこそ、婚家で一定年月の経過とともに嫁から主婦へと移行することは、家内の地位の上昇を意味した。こうした状況は、六〇年代の高度経済成長期による農村の変化まで続く。

敗戦を契機に日本の民主化政策がとられるなか、男女平等の思想およびそれに基づく家制度の廃止、民法改正などは、もちろん農家女性の社会的地位上昇の基盤をなしたものとして捉えておくべきである。それを基盤としつつも、農家女性のおかれた状況がなかなか変わらなかったのは、すでに見てきたとおりである。しかし、静かな底上げは水面下で進行していた。それは、農協婦人部の活動や農業改良普及所による生活改善運動である。農家の嫁の上位者である舅・姑、夫がいない場、女性だけの場というある制約はあったにせよ、そこでの組織運営や活動をとおしてのさまざまな知識・技術・経験などは、農家女性たちの生活世界を広げることやエンパワーメントに一定程度、成果を上げている。

農家女性の社会的地位向上が顕在化したのは、ずっと遅れて八〇年代後半ごろからである。その社会的要因は、農村社会内部の変化と家内部の変化、そして農家女性の変化という三つのレベルに求められる。

農村社会内部においては、すでに周知のことであるが、高度経済成長期以降、農業近代化の一方で農業の兼業化が進展していった。農村といいながら、ムラ内の各家々の農業への依存度は低下し、就業形態や業種が多様化し、生活文化も多様化していく。家格や性別、年齢など、個人を評価する尺度が曖昧化し、それに代わって異質性の高い個人が新たなリーダーとして活躍する余地が生まれた。そのなかに、ムラ内で周辺的存在に位置した女性も含まれていた。地域差も大きいが、高齢化・少子化が進行し、農業後継者の目途が立たない家も出てくるなかで、ムラ内の社会的雰囲気はしだいに変わっていく。

本書で取り上げた事例の多くは西日本の平場農村・中山間地農村で、目立った特産物もなく、兼業化を深化させている。それでも、農業を継続し、ムラに住み続けてきた。とくに優秀な取り組みをしている事例というよりは、ごく普通の農村であると言えよう。客観的な状況分析としては、今後も人口増加の見込みはほとんどなく、高齢化・少子化もじわじわと進行している。しかし、そうしたムラに住み続けるために、人びとはそれぞれのもてる社会資源をフルに活用してきたように思われる。

フェミニズムの影響や男女共同参画社会の推進などとはほとんど無縁のところで、しかし、ムラの人びとが至った結論は、「このままでは、ムラはもたない。男だ、女だと言っている場合ではない」ということであった。八〇年代後半以降、顕在化していった農家女性の活動の活発化は、そうしたムラの危機的な状況を背景としている。

家内部の変化としては、農業従事者のメンバー構成が大きく変わった。兼業化の流れにおいて、真っ先に農外就労に従事したのは、あととり層の若い男性、世帯主層の成人男性である。残された世帯主の妻や舅・姑層で「三ちゃん農業」が展開されていく。これは、一般的には、成人男性という基幹的農業従事者の喪失であり、農業の弱体化として捉えられてきた。しかし、別の見方をすれば、弱体化しつつある農業経営ではあるが、妻や姑層の農家女性に、経営への参画という大きなチャンスを与えることになったのである。それは、フェミニズムの影響や生活改良普及員の指導というよりは、日々の農業経営、生活の必要のなかから到達した選択であったと言える。こうして、単なるテマから労働の主体への転換が進んでいく。

農家女性自身の変化としては、ある意味では空洞化していく自家の農業経営を支える担い手となるとともに、その過程でさまざまないきさつから朝市や直売所などとのかかわりが生じた。自己の生産物・加工品などを出し、販売することによって、初めて「自分の財布」を手にした女性も多かったのである。自活するほどの金額ではなくても、自由に使えるお金を自らの責任において稼ぎ出したという経験は、農家女性の多くに自信を与えた。それは、個人的な営みにとどまらず、そうした女性たちがともに歩み、お互いを刺激しあい、高めあう相乗効果ももたらした。

もちろん、何の障害もなかったわけではない。とくに第8章で見たように、従来の社会規範とぶつかり、葛藤を生じることも珍しくはなかった。それでも、社会規範をうまく操作し、新たな社会規範をつくり出したりしながら、方向としては後戻りしないエンパワーメントの道が見えている。こうした元気な女性たちは身近な人びとを変え、ムラを変えていっている。

現在も解消されずに残っているのは、無償労働組織としての性格をもつ家族農業経営における、個人の労働評価の問題である。兼業化による農外就労従事の機会の増加は、家計構造を多様化させ、成人の家成員のほぼ全員が個人の財布を持つようになる。家成員のなかで最後まで個人の財布を持てなかったのは、農外就労からもっとも遠かった中高年の農家女性だ。彼女たちは生活改善運動の流れのなかから、野菜の無人市・直売所の運営にかかわるようになり、自分の財布を持つことになった。その影響は、単に農家女性が経済的力をつけたことにとどまらない。農業者あるいは個人としての肯定的アイデンティティの構築を支えに、生活全般にわたる「ハリ」を生み出し、総じて家族員との関係も好転するという、多方面にわたるものとなった。

各家々の女性たちの力が底上げされていくことは、高齢化・少子化の進行により活気を失いつつあったムラに、新たな力を与えていく。それは、男女共同参画政策が進められる以前から、農村の現場で人びと自身がたどりついた一つの結論であった。岡山県奥津町の女性リーダーが言った「女が変わり、男が変わり、地域が変わる」という言葉は、そうした根底からの変化を端的に表している。

さらに、農家女性たちの活動は、農業のあり方や農家の暮らし、農村のあり方そのものの問い直しへもつながっていった。有機無農薬農業への取り組みと市場の歪みや農業のグローバリゼーション下の日本農業政策、農業者の姿勢など、個人(自分)と世界のつながりを足元から感じ、考えていく動きをつくり出している。

三つの課題——アンペイド・ワーク、生活構造の変化、新たな展開

最後に、残された課題を整理しておく。

第一は、家族農業経営の場合に生じてしまうアンペイド・ワークの問題である。本書では、自家の農業経営に関する報酬の分配についてはほとんどふれていない。それは、対象とした地域の農業が主として兼業農業で、家計全体に占める農業経営収入の比率がさほど高くない場合が多かったことによる。田畑を荒さない程度に耕作を続けていく場合、家成員みなで無償労働行為を行っても、大きな不満とはなりにくい。収入は他から得ている場合が多いからである。

しかし、特化した農業経営を大規模に行っている家族の場合には、様子はかなり異なってくる。農業収入に大きく依存する形で生計を立てていれば、自己の労働に対する適切な評価を求めるのは当然であるし、そうでなければ生きがいや誇りをもちにくい。大規模経営を行う専業農家において、一人ひとりが生きがいをもって働けるようなどのようなしくみが考えられるのか、家族経営協定のもつ施策としての有効性の検討も含めて、考えていきたい。

第二は、農家の生活構造変化の問題である。とくに、性別・世代別の役割分業意識やその現実についての実態把握と問題点の抽出、その対応策を明らかにすることが求められている。この点については、熊谷苑子の研究を除けば、日本国内の研究はまだほとんど手つかずの状態である。

第三は、本書をふまえた新たな展開である。本書では、農家女性や農村に暮らす人びとに着目するミクロ分析が

中心となった。グローバル化の進行とその影響は視野に入れつつも、それゆえに、農業・農村・食のあり方を足元から見据えていこうとする取り組みは、今後ますます重要となるだろう。すでに、地産地消、食の文化祭、農村食堂や農家民宿、スローフードなどさまざまな呼び方でさまざまな形の取り組みが、農村や農家女性を発信源として、二〇〇〇年前後から顕在化してきている。

農を柱に農村で豊かに暮らし続ける方策として、農家女性たちはどのような方向へ向かうのか。今後の研究展開の方向性として、今回は補足的にしか取り上げられなかった農業者と消費者との社会関係再構築の問題、地域や国内、アジアなどに広がろうとしている農家女性のネットワークおよび男性・女性含めた農業者のネットワークのもつ可能性などについて、取り上げていきたい。

あとがき

本書は、二〇〇五年三月に甲南女子大学へ提出した博士論文(「農家女性の社会的地位の変遷と農村社会再編に関する社会学的研究―個人への着目、フェミニズムの視点から―」、社会学博士授与)がもとになっている。博士論文自体は一三の章から構成されていたが、出版にあたり、ページ数および内容のまとまりという点から五つの章を削除し、本書の構成となった。

私は大学院修士課程まで日本民俗学、博士課程で社会学を専攻し、学史的にはたいへん近い農村社会学を中心に学んだ。二つの大学院生時代には、社会学と日本民俗学の領域の先生方のご指導を受けた。すでに亡くなられた先生もおられるが、厳しくも温かく見守っていただいた。先生方のご教示なしには、研究者としての道を歩き続けられなかったと思う。また、院生時代に知り合った多くの先輩や研究仲間たちにも支えられた。博士課程修了後、地方の私立短期大学に職を得た。客観的な研究環境は決して恵まれたものではなかったが、人には恵まれたといえる。とくに、専門分野の異なる同僚たちとの研究会(通称「高梁塾」)では、さまざまな学問的刺激を受けた。私の教育研究に対する基本的な姿勢はそのときに形づくられたと思う。

本書の中心テーマである農家女性の社会的地位の変遷に私の関心が向いたのは、農村社会学の研究動向や時代の要請などが第一義的であったが、加えて私自身の生活の変化によるところも大きい。ほとんどあらゆることが自分ひとりの自由にできた独身時代から一転して、子持ちの既婚女性が、短大教員であるだけでなく研究者でもあり続けることは、なかなかに大変だった。とりわけ、二人の子どもの妊娠・出産・子育てを優先して、ほとんどフィールドに出なかった約四年間は、精神的にきつかった。夫や子どもたちと過ごす楽しさの一方で、このまま調査研究から足が遠のいてしまうのではないかという不安や焦りもあったからである。結局それは、私自身が自分の内なる女性役割を問い直すことで乗り越えるしかなかった。

下の子どもが一歳を過ぎたころから、再びフィールドへ少しずつ出かけるようになる。夫と夫の両親は私を深く理解し、全面的に支えてくれた。子どもたちの存在も大きい。家族の理解と支えなしには、フィールドに出て研究を続けることは到底できなかっただろう。

フィールドで出会ったたくさんの方々は、「闖入者」である私の相手を根気強くしてくださった。とくに、本書にしばしば登場する長崎県壱岐島は、私が長期的・継続的に通った最初のフィールドである。当時二〇歳代前半で、あらゆる面で未熟、ただ一生懸命なだけの私に対して、壱岐島の方々は実に優しく、温かく接してくださった。フィールドワーカーは現場によって育てられると言うが、私もまさにそのひとりである。また、壱岐島で私が常宿としていた都荘では、宿泊客を超えた家族同様のお世話をしていただいた。私にとって心身ともに安らぐ上宿である。すでに亡くなった方々も多くおられるが、本当にたくさんの方々にお世話になりました。深くお礼を申し上げます。

最後に、コモンズをご紹介くださった家中茂さん（鳥取大学准教授）、コモンズの大江正章さんには、たいへんお世話になりました。

二〇〇七年　猛暑の自宅にて

靍　理恵子

【参考文献】

アードマン・B・パルモア著、奥山正司ほか訳『エイジズム―優遇と偏見・差別―』法政大学出版局、一九九五年。

青柳まちこ「忌避された性」網野善彦ほか編『日本民俗文化大系 第10巻 家と女性』小学館、一九八五年。

秋津元輝『農業生活とネットワーク―つきあいの視点から―』御茶の水書房、一九九八年。

秋葉節夫「就労形態の多様化と家計構造」細谷昴ほか『農民生活における個と集団』御茶の水書房、一九九三年。

安積遊歩『癒しのセクシートリップ―わたしは車イスの私が好き！―』太郎次郎社、一九九三年。

天野寛子『戦後日本の女性農業者の地位』ドメス出版、二〇〇一年。

天野正子「『オルタナティブ』の地平へ」井上輝子・上野千鶴子・江原由美子編『日本のフェミニズム4権力と労働』岩波書店、一九九四年。

天野正子『老いの近代』岩波書店、一九九九年。

アン・オークレー著、渡辺潤・佐藤和枝訳『家事の社会学』松籟社、一九八〇年。

石川准「障害児の親と新しい『親性』の誕生」井上真理子・大村英昭編『ファミリズムの再発見』世界思想社、一九九五年。

石原豊美「農村女性の生活記録」『農業総合研究所季報』三八号、一九九八年。

市田(岩田)知子「生活改善普及事業に見るジェンダー観―成立期から現在まで―」日本村落研究学会編『年報 村落社会研究 家族農業経営における女性の自立』第三一集、農山漁村文化協会、一九九五年。

市田(岩田)知子「戦後改革期と農村女性―山口県における生活改善普及事業の展開を手懸かりに―」『ジャーナル村落社会研究』第一五号、二〇〇一年。

井上俊「老いのイメージ」伊東光晴ほか編『老いの発見2 老いのパラダイム』岩波書店、一九八六年。

井上輝子ほか共編『岩波女性学事典』岩波書店、二〇〇二年。

岩男寿美子・原ひろ子『女性学ことはじめ』講談社、一九七九年。

岩崎由美子「農村における女性起業の意義と方向性―農村の女性起業実態調査を通じて―」前掲『年報 村落社会研究』第三

一集。

上野和男ほか編『民俗調査ハンドブック』吉川弘文館、一九七四年。

上野和男ほか編『民俗研究ハンドブック』吉川弘文館、一九七八年。

上野千鶴子「老人問題と老後問題の落差」前掲『老いの発見2 老いのパラダイム』。

上野千鶴子「フェミニズムの中のエイジズム」の訳・解説、樋口恵子編『ニュー・フェミニズム・レビュー4エイジズム』学陽書房、一九九二年。

上野千鶴子「弱者への変容を生きる」前掲『ニュー・フェミニズム・レビュー4エイジズム』。

上野千鶴子編『上野千鶴子対談集 ラディカルに語れば…』平凡社、二〇〇一年。

内山節ほか『ローカルな思想を創る—脱世界思想の方法—』農山漁村文化協会、一九九八年。

江馬三枝子『飛騨の女たち』三国書房、一九四二年(『〈新装版〉飛騨白川村』未来社、一九九六年、所収)。

江馬三枝子『白川村の大家族』三国書房、一九四三年(前掲『〈新装版〉飛騨白川村』所収)。

大槻恵美「女と漁」鳥越皓之編『試みとしての環境民俗学』雄山閣出版、一九九四年。

大藤ゆき「民俗における母親像」前掲『日本民俗文化大系 第10巻 家と女性』。

大藤ゆき編『母たちの民俗誌』岩田書院、一九九九年。

大藤ゆき『子育ての民俗』岩田書院、一九九九年。

大間知篤三「対馬の家の複世帯制」『金田一博士古稀記念 民俗・言語論叢』三省堂、一九五三年(『大間知篤三著作集第1巻』未来社、一九七七年に所収)。

岡本達明・松崎次夫編『聞書 水俣民衆史 第3巻 村の崩壊 一九二五—一九三七』草風館、一九八九年。

落合恵美子『二一世紀家族へ—家族の戦後体制の見かた・超えかた—』有斐閣、一九九四年。

柿崎京一「飛騨白川村『大家族』の生活構造—シンガイ稼ぎの実態分析—」日本村落研究学会『ジャーナル村落社会研究』第一〇号、農山漁村文化協会、一九九九年。

鎌田久子『女の庶民史』青娥書房、一九八〇年。

河合隼雄「ファンタジーの世界」前掲『老いの発見2 老いのパラダイム』。

川島武宜『日本社会の家族的構成』日本評論社、一九五〇年。

川手督也「家族経営協定」『日本の農業』二〇六号、農政調査委員会、一九九八年。

川手督也「農村生活の変貌と二〇世紀システム」日本村落研究学会編『年報 村落社会研究 日本農村の「二〇世紀システム」生産力主義を超えて』第三六集、農山漁村文化協会、二〇〇〇年。

熊谷苑子「家族農業経営における女性労働の役割評価とその意義」前掲『年報 村落社会研究』第三一集。

倉石あつ子「女性と民俗学」(特集 日本民俗学の研究動向 昭和六〇・六一年)『日本民俗学』第一七一号、一九八七年。

倉石あつ子『柳田国男と女性観―主婦権を中心として―』三一書房、一九九五年。

倉田一郎「『私』の発生」『民間伝承』八巻二号。

小山隆編『現代家族の役割構造―夫婦・親子の期待と現実―』培風館、一九六七年。

佐和隆光『虚構と現実』新曜社、一九八四年。

篠原徹「民俗の技術とはなにか」篠原徹編『現代民俗学の視点1 民俗の技術』朝倉書店、一九九八年。

女性社会学研究会編『女性社会学をめざして』垣内出版、一九八一年。

菅豊「深い遊び――マイナー・サブシステンスの伝承論」前掲『現代民俗学の視点1 民俗の技術』。

鈴木栄太郎『日本農村社会学原理』時潮社、一九四〇年(一九六八年に未来社から復刻)。

瀬川清子『見島聞書』六人社、一九三八年(『日間賀島・見島民俗誌』未来社、一九七五年、所収)。

瀬川清子「主婦権と私金」『民間伝承』一一巻三号、一九四六年。

瀬川清子「女性と柳田民俗学」『論争』一九六二年一〇月号(文芸読本『柳田国男』河出書房新社、一九七六年、所収)。

瀬川清子「海村婦人の労働」柳田国男編『海村生活の研究』国書刊行会、一九七五年。

瀬川清子「日本の女性の百年・主婦の呼称をめぐって」岩男寿美子・原ひろ子『女性学ことはじめ』講談社、一九七九年。

瀬川清子「共同研究『大正時代』11大正女性の民俗」『諸君!』一九七九年一二月号。

関口礼子編『高齢化社会への意識改革―老年学入門―』勁草書房、一九九六年。

関沢まゆみ「平成一〇年度国立歴史民俗博物館国際シンポジウム実施報告」『日本民俗学』二一八号、一九九九年五月。

高橋明善「農村家族の変化と婦人の地位」丸岡秀子・大島清編『農村婦人（現代婦人問題講座第三巻）』亜紀書房、一九六九年。

竹内利美「奉公人・雇い人・徒弟」大間知篤三ほか編『日本民俗学大系　第4巻　社会と民俗（2）』平凡社、一九五九年。

立岩真也『私的所有論』勁草書房、一九九七年。

H・P・チュダコフ著、工藤政司・藤田永裕訳『年齢意識の社会学』法政大学出版局、一九九四年。

坪井洋文・宮田登・小島美子「座談会　女性―その民俗学的視点と歴史的視点―」『日本民俗文化大系　月報9』小学館、一九八五年。

鷹理恵子「対馬の複世帯制の家族における婚姻慣行とその周辺―鰐浦の事例―」［共同研究　対馬村落の社会学的研究―長崎県上県郡上対馬町鰐浦の変容―］甲南女子大学大学院論文集『社会学研究』第七号、一九八九年。

鷹理恵子「現代日本における家研究の有効性―複世帯制家族の位置づけを通して―」甲南女子大学大学院研究論文集『社会学研究』第八号、一九九〇年。

鷹理恵子「ムラを支える諸要因の分析―長崎県壱岐郡石田町本村触の事例―」日本村落研究学会編『年報　村落社会研究　農村社会編成の論理と展開Ⅱ　転換期の家と農業経営』第二六集、農山漁村文化協会、一九九〇年。

鷹理恵子「農業政策推進の過程における諸問題の分析―長崎県壱岐郡石田村における農業構造改善事業の展開を通して―」『順正短期大学研究紀要』第一九号、一九九一年。

鷹理恵子「岡山県下における有機無農薬農業のとりくみ―行政主導型事業の事例―」『順正短期大学研究紀要』第二三号、一九九五年。

鷹理恵子「つる研究室　フィールドで聞いた話―［日本の福祉は進みすぎている］―」順正短期大学保健福祉研究会編『高梁塾月報』二二号、一九九六年九月。

鷹理恵子「巻頭言［老いた自分］を肯定的にとらえることは、なぜ困難か?・」順正短期大学保健福祉研究会編『高梁塾月報』二二号、一九九六年九月。

鷹理恵子「『女性民俗学研究会』の自己分析、自己認識という課題について―四月の定例研究会に出席して考えたこと―」

女性民俗学研究会編『女性と経験』二一号、一九九六年。

靍理恵子「農家の女性が『自分の財布を持つこと』の意味―行為主体・その家族・当該地域社会に与える影響について―」『順正短期大学研究紀要』第二五号、一九九七年。

靍理恵子「『女の会』が果たしてきた二つの機能―民俗学の勉強・研究の場と女性たちの連帯の場―」女性民俗学研究会編『女性と経験』二二号、一九九七年。

靍理恵子「農家の『嫁』から農家の『女性』へ―長崎県壱岐島のある女性のライフヒストリー―」『順正短期大学研究紀要』第二六号、一九九八年。

靍理恵子「家庭菜園と農家の女性―アンペイド・ワークの視点から―」女性民俗学研究会編『女性と経験』二三号、一九九八年。

靍理恵子「農家の家計構造変化のプロセスとその影響―農家女性の視点から―」女性民俗学研究会編『女性と経験』二四号、一九九九年。

靍理恵子「農村の新しいリーダーたち―岡山県上房郡賀陽町の事例―」『順正短期大学研究紀要』第二七号、一九九九年。

靍理恵子「書評 大藤ゆき編『母たちの民俗誌』一九九九年、岩田書院、大藤ゆき著『子育ての民俗』一九九九年、岩田書院」『日本民俗学』二二一号、二〇〇〇年。

靍理恵子「女性の視点とは何か―民俗学の先行研究をふまえて―」女性民俗学研究会編『女性と経験―特集 五〇〇回記念例会 明日へ向かって原点回帰―』二五号、二〇〇〇年。

靍理恵子「農家の年寄りのアイデンティティに関する語り―農村でのフィールドワークから―」女性民俗学研究会編『女性と経験』二六号、二〇〇一年。

靍理恵子「生業の創出とムラ―岡山県奥津町の農家女性の事例―」女性民俗学研究会編『女性と経験』二七号、二〇〇二年。

靍理恵子「複世帯制家族の変容と年寄りの位置―長崎県壱岐島の事例―」『順正短期大学研究紀要』第三〇号、二〇〇二年。

靍理恵子「農協と行政がすすめる有機農業―岡山県賀陽町―」桝潟俊子・松村和則編『食・農・からだの社会学』新曜社、二〇〇二年。

靏理恵子「テマから労働の主体へ」『日本民俗学』二三三号、二〇〇三年。

靏理恵子「農村における家の変容」『吉備国際大学社会学部研究紀要』一三号、二〇〇三年。

靏理恵子「『嫁役割』の習得と女中奉公―長崎県壱岐島の明治期から敗戦までの事例―」岡山民俗学会『岡山民俗学会五十周年記念誌(仮題)』未刊行。

徳野貞雄「農業危機における農民の新たな対応」日本村落研究学会編『年報 村落社会研究 転換期の家と農業経営 農村社会編成の論理と展開Ⅱ』第二六集、農山漁村文化協会、一九九〇年。

苫田ダム水没地域民俗調査団『奥津町の民俗』奥津町・苫田ダム水没地域民俗調査委員会、二〇〇四年。

鳥越皓之『家と村の社会学(増補版)』世界思想社、一九九三年。

鳥越皓之編『試みとしての環境民俗学―琵琶湖のフィールドから―』雄山閣出版、一九九四年。

中込睦子「私財論ノート」ふぃるど社会人類学研究会編『ふぃるど』創刊号、一九八六年。

中込睦子「民俗学における『主婦』概念の受容と展開―瀬川清子の主婦論を中心に―」竹田旦編『民俗学の進展と課題』国書刊行会、一九九〇年。

中野卓「大正期前後にわたる漁村社会の構造変化とその推進力―北大呑村鰤網試論―」村落社会研究会編『村落社会研究』第四集、塙書房、一九六八年。

中野卓・桜井厚編『ライフヒストリーの社会学』弘文堂、一九九五年。

永野由紀子「小経営組織としての『いえ』における女性の『個』の自立化―山形県庄内地方の専業的農家の事例―」『ジャーナル村落社会研究』第一二号、二〇〇〇年。

中村ひろ子「民俗学とジェンダー研究」『歴博』八〇号(特集 現代社会と歴史学ジェンダー―社会的性差への視点―)一九九七年。

中村ひろ子ほか『女の眼でみる民俗学』高文研、一九九九年。

西村浩一「村落社会における一人前の民俗慣行」『東横学園女子短期大学紀要』二三号、一九八八年。

西村美恵子「民俗学と女性研究者」女性民俗学研究会編『女性と経験』一二号、一九八七年。

野村純一ほか編『柳田国男事典』勉誠出版（野村敬子「女性民俗学研究会」、倉石あつ子「家と女性」、竹内栄「女性と民間伝承」、倉石あつ子「妹の力」、野村敬子「瀬川清子」の各項目）一九九八年。

野口武徳「沖縄糸満婦人の経済生活―とくにワタクサー（私財）について―」『成城文芸』一九六九年。

日本民俗学会「沖縄糸満女性のワタクサー」『東京都立大学社会人類学研究会報』第四輯、一九六六年。

日本民俗学会「特集3　日本民俗学会五〇周年プレシンポジウム『老いと老人』」『日本民俗学』二一四号、一九九八年五月。

日本民俗学会「シンポジウム　民俗社会における『女性像』」『日本民俗学』一九八号、一九九四年五月。

日本農業新聞「女の階段」愛読者の会編『手をつなぐかあちゃんたち』第五集、一九八八年。

野本寛一『共生のフォークロア―民俗の環境思想―』青土社、一九九四年。

バーバラ・マクドナルド「フェミニズムの中のエイジズム」前掲『ニュー・フェミニズム・レビュー4エイジズム』。

花崎皋平『アイデンティティと共生の哲学』筑摩書房、一九九三年。

原（福與）珠里「新規参入者のネットワーク構造―雑誌『百姓天国』投稿者に対する調査結果から―」『農村生活研究』第四三巻第二号、一九九九年。

平山敏治郎「教育と修業」前掲『日本民俗学大系　第4巻　社会と民俗（2）』。

福田アジオ「柳田国男における歴史と女性」『国立歴史民俗博物館研究報告』二一号、一九八九年。

福田アジオ『柳田国男の民俗学』吉川弘文館、一九九二年。

藤井和佐「女性地域リーダーにみる『構造転換』その後―長野県池田町の事例から―」日本村落研究学会編『年報　村落社会研究　日本農村の構造転換を問う　一九八〇年代以降を中心として』第三八集　農山漁村文化協会、二〇〇二年。

細谷昴「補論Ⅰ　農村女性と家」細谷昴ほか『農民生活における個と集団』御茶の水書房、一九九三年。

細谷昴「農地改革後の東北農村における家と女性―竹内農村社会学の再評価によせて―」前掲『年報　村落社会研究　家族農業経営における女性の自立』第三一集。

松井健「マイナー・サブシステンスの世界―民俗世界における労働・自然・身体―」前掲『現代民俗学の視点1　民俗の技術』。

丸岡秀子『日本農村婦人問題』高陽書房、一九三七年(一九八〇年にドメス出版から復刻)。

丸岡秀子「農村婦人と農家」近藤康男編『成長のなかのひずみ』御茶の水書房、一九六六年(丸岡秀子編『日本婦人問題資料集成』第九巻 思潮(下)、ドメス出版、一九八一年、所収)。

丸岡秀子監修『変貌する農村と婦人』家の光協会、一九八六年。

溝上泰子『日本の底辺—山陰農村婦人の生活—』未来社、一九五八年。

溝上泰子『生活者の思想』未来社、一九六一年。

宮田登・新谷尚紀編『往生考—日本人の生・老・死—』小学館、二〇〇〇年。

宮台真司「行為と役割」今田高俊・友枝敏雄編『社会学の基礎』有斐閣、一九九一年。

牟田和恵『戦略としての家族』新曜社、一九九六年。

村上信彦『高群逸枝と柳田国男—婚制の問題を中心に—』大和書房、一九七七年。

森岡清美『現代家族変動論』ミネルヴァ書房、一九九三年。

森岡清美・望月嵩『新しい家族社会学(四訂版)』培風館、一九九七年。

安井眞奈美「現代女性とライフスタイルの選択—主婦とワーキングウーマン—」岩本通弥編『覚悟と生き方(民俗学の冒険4)』筑摩書房、一九九九年。

安室知「水田養魚にみる自然と人為のはざま」前掲『現代民俗学の視点1 民俗の技術』。

柳田国男「農村家族制度と慣習(一)(二)(三)」『農政講座』二〜四、一九二七年(『定本 柳田国男集15』筑摩書房、一九六四年、所収)。

柳田国男「女性史学」一九三六年(『定本 柳田国男集14』筑摩書房、一九六九年、所収)。

柳田国男・山川菊栄「主婦の歴史」『新女苑』一九四〇年。

柳田国男「序」瀬川清子『海女記』三国書房、一九四二年。

柳田国男「序」女性民俗学研究会編『女の本・若き友におくる民俗学』朝日新聞社、一九四六年。

柳田国男「家を持つということ」一九四六年(前掲『定本 柳田国男集15』所収)。

柳田国男「これからの問題」女性民俗学研究会編『女性と経験』三巻一号、一九五八年。

藪田実「女性史研究における『近世』～『論集近世女性史』によせて」『女性史としての近世』校倉書房、一九九六年。

山崎洋子『田舎暮らしに夢のせて―女のネットワーク誕生物語―』家の光協会、一九九五年。

Yuki Takahashi, "Gender in Japanese Rural Society : The Present Condition of Rural Women", Masae Tsutsumi ed., *Women & Families in Rural Japan*, Tokyo : Tsukuba Shobou, 2000.

吉沢久子『私の気ままな老いじたく―自分らしく元気に楽しく生きる―』主婦の友社、一九九九年。

若尾典子「書評　倉石あつ子著『柳田國男と女性観―主婦権を中心として―』」『日本民俗学』二〇八号、一九九六年。

〈初出一覧〉

プロローグ　書き下ろし

第1章「農家の女性が『自分の財布を持つこと』の意味―行為主体・その家族・当該地域社会に与える影響について―」(『順正短期大学研究紀要』第二五号、一九九七年)に加筆)。

第2章「家庭菜園と農家の女性―アンペイド・ワークの視点から―」(女性民俗学研究会編『女性と経験』二三号、一九九八年)に加筆。

第3章「テマから労働の主体へ」(『日本民俗学』二三三号、二〇〇三年)に加筆。

第4章「生業の創出とムラ―岡山県奥津町の農家女性の事例―」(女性民俗学研究会編『女性と経験』二七号、二〇〇二年)に加筆。

第5章「農家の『嫁』から農家の『女性』へ―長崎県壱岐島のある農家女性のライフヒストリー―」(『順正短期大学研究紀要』第二六号、一九九八年)に加筆。

第6章「農村の新しいリーダーたち―岡山県上房郡賀陽町の事例―」(『順正短期大学研究紀要』第二七号、一九九九年)に加筆。

第7章「農村が都市をリードする時代―交流の主役は女性たち―」(『21世紀の日本を考える』二〇〇三年八月号)に加筆。

第8章「農家女性のエンパワーメントを促進する要因と背景」(『ジャーナル村落社会研究』第一八号、二〇〇三年)に加筆。

エピローグ　書き下ろし

さくいん

【著者紹介】

靍　理恵子（つる・りえこ）

1962年　福岡県生まれ。

1987年　熊本大学大学院文学研究科修士課程修了。

1990年　甲南女子大学大学院文学研究科博士後期課程満期退学、社会学博士。

現　在　跡見学園女子大学観光コミュニティ学部教授。

専　攻　農村社会学、日本民俗学。

最近の関心　有機農業や合鴨農法、農村女性起業などがもつ食・農のグローバル化への対抗戦略の可能性。

主　著　『食と農の社会学——生命と地域の視点から』（共著、ミネルヴァ書房、2014年）、『出産の民俗学・文化人類学』（共著、勉誠出版、2014年）、『鳥取の村に生きる——過疎化の中の知恵と誇り』（鳥取県立公文書館新鳥取県史編纂室、2015年）。

主論文　「女どうしの絆があるムラ—血縁、地縁と選択縁—」（女性民俗学研究会『女性と経験』40号、2015年）、「6次産業化と農的自然」（西日本社会学会『西日本社会学会年報』第13号、2015年）、「『消費される農村』とムラの主体性」（『跡見学園女子大学観光コミュニティ学部紀要』Vol.1、2016年）。

農家女性の社会学

二〇〇七年一〇月二〇日　初版発行
二〇一七年　五月一五日　二刷発行

著　者　靍　理恵子

発行者　大江正章
発行所　コモンズ
東京都新宿区下落合一-五-一〇-一〇〇二
TEL〇三（五三八六）六九七二
FAX〇三（五三八六）六九四五
振替　〇〇一一〇-五-四〇〇一二〇
info@commonsonline.co.jp
http://www.commonsonline.co.jp/

印刷／東京創文社・製本／東京美術紙工

乱丁・落丁はお取り替えいたします。
ISBN 978-4-86187-040-8 C 3061

＊好評の既刊書

生命《いのち》を紡ぐ農の技術《わざ》　明峯哲夫著作集
●明峯哲夫　本体３２００円＋税

農業は脳業である　困ったときもチャンスです
●古野隆雄　本体１８００円＋税

半農半Ｘの種を播く　やりたい仕事も、農ある暮らしも
●塩見直紀と種まき大作戦編著　本体１６００円＋税

旅とオーガニックと幸せと　ＷＷＯＯＦ農家とウーファーたち
●星野紀代子　本体１８００円＋税

有機農業の技術と考え方
●中島紀一・金子美登・西村和雄編著　本体２５００円＋税

幸せな牛からおいしい牛乳
●中洞正　本体１７００円＋税

地域自給のネットワーク〈有機農業選書５〉
●井口隆史・桝潟俊子編著　本体２２００円＋税

農と言える日本人　福島発・農業の復興へ〈有機農業選書６〉
●野中昌法　本体１８００円＋税

共生主義宣言　経済成長なき時代をどう生きるか
●西川潤／マルク・アンベール編　本体１８００円＋税

21世紀の豊かさ　経済を変え、真の民主主義を創るために
●中野佳裕編・訳、ジャン＝ルイ・ラヴィル／ホセ・ルイス・コラッジオ編　本体３３００円＋税

脱成長の道　分かち合いの社会を創る
●勝俣誠／マルク・アンベール編著　本体１９００円＋税